道具としての高校数学

物理学を学びはじめるための数学講義

Hiroyuki Yoshida
吉田弘幸
［著］

Θ θ Ι ι Κ κ Λ λ Μ μ Ν ν Ξ ξ Ο ο Π π Ρ ρ Σ σ Τ τ Υ

日本評論社

はじめに

　物理を学問として学ぶためには数学の概念や手法を身につける必要があります。しかし，高等学校では数学の学習と物理の学習が並行して行われるため，本来用いるべき数学の手法を敢えて回避して学ばなければいけない部分もあります。これは，却って物理学の理解を妨げることになります。

　本書は，高校生や意欲的な中学生に向けて数学の内容を紹介していきます。そして，読者のみなさんに，数学を道具（思考と推論のための言語）として使いこなし，物理学の学習を楽しんでもらうことを期待しています。中学の数学を習得していれば読み始められるように書きました。高校や大学で数学をあまり広く学ばなかった大人の方に，物理を学ぶ準備として利用されることも期待しています。

　全体は2部構成になっています。第I部が数学の内容の基礎講義，第II部は物理の学習に数学が応用されている例を紹介します。第I部には簡単な練習問題も付けました。その解答を付録Bとして掲載しました。また本文の中で省略した単純な計算過程（(*1)などで示した）を付録Cとして掲載しました。

　第I部は，物理の学習に必要な道具としての数学のカタログと理解してください。本書の記述が一応納得できれば，高校の間の物理の学習には困りません。しかし，数学としての内容にはやや偏りがあります。すべてを盛り込むと分量が3倍くらいに膨れてしまうため，大胆に割愛している部分もあります。足りない部分は数学の教科書等で補って学習してください。

　第I部では，高校物理を完全に理解するために必要十分な項目を採り上げました。そのため，高校数学の内容であっても採り上げていない項目もありますし，逆に，高校数学の範囲を逸脱する内容もあります。参考のため，第I部の各章と高校数学の教科書との大まかな対応を示しておきます。

第 1 章	関数	：数学 I, 数学 A
第 2 章	三角比	：数学 I
第 3 章	ベクトル	：数学 B
第 4 章	微分の考え方	：数学 II
第 5 章	積分の考え方	：数学 II
第 6 章	微積分の手法	：数学 III
第 7 章	三角関数	：数学 II, 数学 III
第 8 章	指数関数・対数関数	：数学 II, 数学 III
第 9 章	関数の級数展開	：範囲外
第 10 章	曲線の方程式	：数学 II
第 11 章	複素数	：数学 III
第 12 章	微分方程式	：範囲外

ご自身の学習の進捗状況に合わせて利用してください。

　前半の第 6 章くらいまでの内容が確認できていれば，力学の学習を進めていくのに当面の間は困らないでしょう．第 7 章以降は，物理の学習と並行して読み進めてください．章が進むに連れて，内容の難易度と抽象度が上がり，計算の手間も増えるようになっていきます．皆さんが，本書での学習の進行と共に成長していくことを期待します．

2019 年 10 月

吉田弘幸

目次

はじめに　　i

第 I 部　数学講義

第 1 章　関数　　2
- 1.1　命題と条件 …………………………………………… 2
- 1.2　変数と集合 …………………………………………… 2
- 1.3　必要条件・十分条件 ………………………………… 5
- 1.4　対応と関数 …………………………………………… 6
- 1.5　関数の例 ……………………………………………… 7
- 1.6　関数のグラフ ………………………………………… 8
- 1.7　逆関数 ………………………………………………… 8
- 1.8　関数の合成 …………………………………………… 10

第 2 章　三角比　　12
- 2.1　三角定規 ……………………………………………… 12
- 2.2　鋭角の三角比 ………………………………………… 13
- 2.3　三角比の定義 ………………………………………… 14
- 2.4　三角比の基本関係式 ………………………………… 17
- 2.5　三角形への応用 ……………………………………… 17
- 2.6　定義の拡張 …………………………………………… 18

第 3 章　ベクトル　　21
- 3.1　スカラーとベクトル ………………………………… 21
- 3.2　ベクトルの具体例 …………………………………… 21

3.3	ベクトルの成分表示 ……………………………	23
3.4	ベクトルの相等 …………………………………	24
3.5	ベクトルの基本演算 ………………………………	25
3.6	ベクトルの内積 …………………………………	27

第 4 章　微分の考え方　　　　　　　　　　　　　　30

4.1	関数の平均変化率 …………………………………	30
4.2	微分係数 ……………………………………………	31
4.3	導関数 ………………………………………………	35
4.4	多項式の導関数 ……………………………………	36
4.5	x^p の導関数 ……………………………………	38

第 5 章　積分の考え方　　　　　　　　　　　　　　40

5.1	積分 …………………………………………………	40
5.2	数列の和 ……………………………………………	41
5.3	定積分 ………………………………………………	44
5.4	微積分の基本定理 …………………………………	46
5.5	多項式の積分 ………………………………………	47

第 6 章　微積分の手法　　　　　　　　　　　　　　49

6.1	積の微分 ……………………………………………	49
6.2	合成関数の微分 ……………………………………	50
6.3	陰関数の微分 ………………………………………	52
6.4	高次導関数 …………………………………………	54
6.5	部分積分 ……………………………………………	55
6.6	置換積分 ……………………………………………	56

第 7 章　三角関数　　　　　　　　　　　　　　　　58

7.1	弧度法 ………………………………………………	58
7.2	三角関数の定義 ……………………………………	60
7.3	三角関数の基本性質 ………………………………	61
7.4	三角関数の加法定理 ………………………………	63
7.5	三角関数の合成 ……………………………………	66

7.6	三角関数に関する極限	66
7.7	三角関数の微分	67
7.8	三角関数の積分	69

第 8 章 指数関数・対数関数　　71

8.1	指数	71
8.2	指数関数	72
8.3	対数関数	73
8.4	指数関数・対数関数の極限	74
8.5	指数関数・対数関数の微分	77
8.6	指数関数の積分	78
8.7	対数関数の積分	78

第 9 章 関数の級数展開　　81

9.1	近似	81
9.2	テーラー級数	82
9.3	フーリエ級数	83

第 10 章 曲線の方程式　　86

10.1	xy 平面上の曲線	86
10.2	媒介変数表示	87
10.3	極座標	88
10.4	2 次曲線	89

第 11 章 複素数　　96

11.1	虚数	96
11.2	複素数平面	97
11.3	オイラーの公式	98

第 12 章 微分方程式　　101

12.1	微分方程式	101
12.2	1 階斉次線形常微分方程式	102
12.3	2 階斉次線形常微分方程式	105

第 II 部　物理学への応用

第 1 章　点の運動　　110
- 1.1　点の位置 …………………………………… 110
- 1.2　速度・加速度 ……………………………… 111
- 1.3　放物運動 …………………………………… 113

第 2 章　終端状態のある現象　　116
- 2.1　抵抗力のある落下運動 …………………… 116
- 2.2　コンデンサーを含む直流回路 …………… 117
- 2.3　コイルを含む直流回路 …………………… 119

第 3 章　振動現象　　121
- 3.1　単振動 ……………………………………… 121
- 3.2　電気振動 …………………………………… 122
- 3.3　交流回路 …………………………………… 123

付録 A　線形空間　　127

付録 B　練習問題の解答・考え方　　130

付録 C　本文中で省略した計算　　139

付録 D　ギリシャ文字　　149

付録 E　三角比表　　150

あとがき　　151

第Ⅰ部
数学講義

第1章　関数

1.1. 命題と条件

　命題とは，成立・不成立が客観的かつ確定的に判断できる主張です。成立する命題を**真**の命題，不成立の命題を**偽**の命題と言います。例えば，

　　　「5 は素数である」

は真の命題です。そして，

　　　「円周率 π は有理数である」

は偽の命題です。一方，

　　　「100 は大きな数である」

のように価値判断を含む主張は命題ではありません。命題は，文章の他に等式や不等式で表すこともできます。

　変数を含み，変数の値に応じて真偽が客観的かつ確定的に判断できる主張を**条件**と言います。例えば，

　　　「x は 5 以下の自然数である」

は条件として機能しますが，

　　　「x は大きな数である」

は条件とは呼べません。

1.2. 変数と集合

　ある条件を満たすものを集めた全体を**集合**と呼びます。その条件を満たしたものの 1 つ 1 つを，その条件により定められた集合の**要素**と言います。

　x が集合 X の要素であることを

$$x \in X$$

と表します。また，集合 X を定める条件が $P(x)$ であるとき，

$$X = \{x \mid P(x)\}$$

という表し方をします。例えば，5 以下の自然数の集合 X は

$$X = \{x \mid x \leqq 5, x \text{ は自然数}\}$$

と表すことができます。「$x \leqq 5, x$ は自然数」が $P(x)$ に対応します。要素を書き並べて

$$X = \{1, 2, 3, 4, 5\}$$

と表す場合もあります。

　ある集合 U に対して，その集合の要素の一部あるいは全部の要素から成る集合 X を U の**部分集合**と言います。つまり，X のすべての要素が U の要素にもなっていて，

$$x \in X \quad \text{ならば} \quad x \in U$$

が成り立つとき，X は U の部分集合です。X が U の部分集合であることを

$$X \subset U$$

と表します。この状況をイメージとして次のように図示することができます。

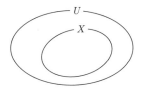

　このとき，U を**全体集合**と言うことがあります。U 自身も U の部分集合になります。また，要素が 1 つも存在しない集合を**空集合**と呼び，記号 $\emptyset$（ゼロ 0 に斜線 /）または $\varnothing$（丸○に斜線 /）で表します。空集合は任意の集合の部分集合になります。

　集合は，数を集めたものだけではなく，客観的かつ確定的な条件が設定されていればさまざまなものの集合を考えることができます。例えば，あなたが 1 年 3

組の生徒ならば，1年3組の生徒全体が「1年3組」という集合を作り，あなたはその集合の要素です。また，「1年3組」はあなたの学校の生徒全体の集合の部分集合です。

　実数を要素とする集合（実数全体の集合の部分集合）を考えます。実数全体を考えることもできますし，その一部を考えても構いません。例えば，「−5以上10以下の実数の集合」は，

$$X = \{x \mid -5 \leqq x \leqq 10\}$$

と表すことができます。このような実数の集合は区間とも呼びます。区間は [,]，(,) を用いて表すことがあります。例えば，上の集合 X は

$$X = [-5,\ 10]$$

と表すことができます。区間の端点 −5 や 10 を含む場合は [,] を使います。含まない場合は (,) を使います。

$$Y = \{y \mid 0 < y < 7\}, \quad Z = \{z \mid -\sqrt{2} \leqq z < 9\}$$

は，それぞれ

$$Y = (0,\ 7), \quad Z = [-\sqrt{2},\ 9)$$

と表すことができます。$[-5, 10]$ のように区間の両端を含む場合は閉区間，$(0, 7)$ のように区間の両端をともに含まない場合は開区間と呼びます。

　実数全体の集合は区間としては，

$$(-\infty,\ \infty)$$

により表します。∞ は限りなく大きい「無限大」を表します。実数には大きい方にも小さい方にも限界がなく，大きさが無限大の負の果てから大きさが無限大の正の果てまで連続的に存在します。無限大は概念であって実体的な数ではないので，区間の端点として含めて考えることはしません。

　ある区間内のさまざまな値を取り得る数を考えるとき，それは数字では表せないので文字で表します。習慣上 x, y, z などの小文字のローマ字を使うことが多くなっています。このような数を変数と呼びます。変数が変化できる範囲の区間を変域と言います。$-3 < x < 10$ の範囲で変化する変数 x を考えるとき，区間 $(-3, 10)$ が x の変域です。

1.3. 必要条件・十分条件

変数 x についての条件 $p(x)$ に対して，$p(x)$ を満たす（「$p(x)$ が真となる」という言い方をします）x の集合

$$P = \{x \mid p(x)\}$$

を，条件 $p(x)$ の真理集合と呼びます。

2つの条件 $p(x)$, $q(x)$ それぞれの真理集合 P, Q の間に

$$P \subset Q$$

が成り立つとき，$p(x)$ が真であれば当然に $q(x)$ も真となっています。つまり，

$$p(x) \text{ ならば } q(x)$$

が成り立ちます。矢印を用いて

$$p(x) \implies q(x)$$

と表すこともあります。このとき，

「$p(x)$ は $q(x)$ の十分条件である」，「$q(x)$ は $p(x)$ の必要条件である」

と言います。

$q(x)$ が，$p(x)$ の必要条件であり，かつ，$p(x)$ の十分条件であるとき，

「$q(x)$ は $p(x)$ の必要十分条件である」

と言います。$p(x)$ も $q(x)$ の必要十分条件になります。

$$p(x) \iff q(x)$$

と表示します。このとき，2つの条件の真理集合は一致し，

$$P = Q$$

が成り立ちます。つまり，$p(x)$ と $q(x)$ は条件としてまったく同一の意味をもつことになります。そこで，

「$p(x)$ と $q(x)$ は同値である」

という言い方もします。

1.4. 対応と関数

2つの集合 X, Y の要素の x, y の間に，それを結びつける関係 f があるとき，その関係を**対応**と呼びます。対応には以下の 4 つのパターンがあります。

① 1対1対応：
X の要素 1 つに Y の 1 つのみの要素が対応し，かつ，Y の要素 1 つに X の 1 つのみの要素が対応する。

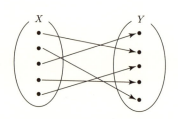

② 1対多対応：
X の要素 1 つに Y の 1 つまたは 2 つ以上の要素が対応し，かつ，Y の要素 1 つに X の 1 つのみの要素が対応する。

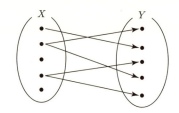

③ 多対1対応：
X の要素 1 つに Y の 1 つのみの要素が対応し，かつ，Y の要素 1 つに X の 1 つまたは 2 つ以上の要素が対応する。

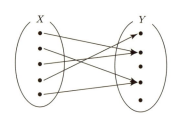

④ 多対多対応：
X の要素 1 つに Y の 1 つまたは 2 つ以上の要素が対応し，かつ，Y の要素 1 つに X の 1 つまたは 2 つ以上の要素が対応する。

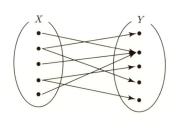

上の4つのパターンのうち，①と③は，Xの要素xを決めれば，対応するYの要素yが一意的に定まります。このような対応を**関数**と呼びます。このとき，

    y は x の関数である

と言い，x を（独立に変化させることができるので）**独立変数**，y を（x に対応して従属的に定まるので）**従属変数**と呼びます。また，対応先が存在する独立変数 x の変域をこの関数の**定義域**と呼び，従属変数 y の変域を**値域**と呼びます。

高校数学では特に X も Y も実数の集合である関数を考えることが多いのですが，必ずしも，そのように限定する必要はありません。例えば，書店に行ったときに棚に並んでいる本の値段は，本の関数です（本には定価があり，本ごとに定まっています）。

1.5. 関数の例

実数から実数への関数を考えます。

y が x の関数であれば，x ごとに y が定まるので，y を x の数式で表すことができます。その数式を $f(x)$ とします（f は関数の名前で，(x) により x の関数と見ることを示します）。つまり，x と y の間に一般に

$$y = f(x) \tag{1.1}$$

の関係が成り立ちます。逆に，2つの変数 x と y の間に一般に (1.1) の形の関係式が成り立てば，y は x の関数になっています。したがって，$f(x)$ として具体的な数式を想定すれば，特定の関数を考えることになります。

なお，この場合も関数は (1.1) 式そのものではなく，(1.1) 式により結びつけられた $x \to y$ の対応です。しかし，省略して「関数 $y = f(x)$」あるいは「関数 $f(x)$」という表現を使います。

1次関数

$f(x) = 2x - 3$ のように x の1次式で表される関数を **1次関数** と呼びます。

2次関数

$f(x) = -x^2 + 2x + 1$ のように x の2次式で表される関数を **2次関数** と呼びます。

1.6. 関数のグラフ

関数 $f(x)$ に対して，xy 平面上における点 $(x, f(x))$ の集合をその関数のグラフと呼びます。集合の表記を用いれば，

$$C = \{(x, y) \mid y = f(x)\}$$

が，関数 $f(x)$ のグラフになりますが，通常は簡単に

$$曲線\ C\ :\ y = f(x)$$

などと表示します。定義域が全実数でない場合は，定義域も明示して，

$$曲線\ C\ :\ y = f(x) \quad (a \leqq x \leqq b)$$

などとします。

例えば，関数 $f(x) = 2x - 3$ のグラフは下左図のようになります。

次に，関数 $f(x) = -x^2 + 2x + 1$ のグラフを描いてみます。

$$f(x) = -x^2 + 2x + 1 = -(x-1)^2 + 2$$

と変形できるので，下右図のようになります。

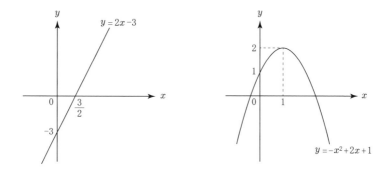

1.7. 逆関数

対応 f が 1 対 1 の対応になっているとき，逆向きの対応も関数になります。この関数を関数 f の逆関数と呼び f^{-1} で表します。

$y = f(x)$ で表される $x \to y$ の関数が 1 対 1 の対応である場合に，$y \to x$ の対

応が f の逆関数 f^{-1} です．対応が1対1で逆が辿れるとき，関数のグラフは単調になります（ずっと右上がり，または，ずっと右下がり）．関数と逆関数の関係をグラフで見ると次のようになります．

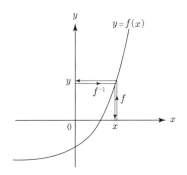

この図が示すように，$y = f(x)$ の関係を満たすときに，y から対応する x を再現する対応が逆関数です．したがって，$y = f(x)$ を x について解いて

$$x = (y \text{ の式})$$

という形に変形すれば，右辺の式が逆関数を表す式 $f^{-1}(y)$ となります．ただし，関数を考えるとき，習慣上，もとの変数を x，関数により値が決定する変数を y で表すので，逆関数を求められたら，$y = f(x)$ を x について解いて，最後に x と y を入れ換えて

$$y = f^{-1}(x)$$

の形で表示するとよいでしょう．

例えば，$f(x) = 2x - 3$（前節で描いたグラフを見ると分かるように，この関数は逆関数をもちます）の逆関数は，

$$y = 2x - 3$$

を x について解いて，

$$x = \frac{1}{2}y + \frac{3}{2}$$

さらに x と y を入れ換えると，

$$y = \frac{1}{2}x + \frac{3}{2}$$

となるので,
$$f^{-1}(x) = \frac{1}{2}x + \frac{3}{2}$$
です.

関数 $y = f(x) = -x^2 + 2x + 1$ の場合には,$y < 2$ の範囲の y に対しては,それぞれ 2 つの x の値が同じ y の値に対応しているので,y から遡って 1 つの x を辿ることができません.したがって,この関数には逆関数は存在しません.

逆関数は,その定義から明らかなように,もとの関数と比べて定義域と値域が入れ替わります.関数 $y = f(x)$ における値域(y の変域)が逆を辿る逆関数 $y = f^{-1}(x)$ の x の変域であり,その関数の値はもとの関数 $y = f(x)$ の定義域内に見つかるからです.

1.8. 関数の合成

z が y の関数(f とする)で,y が x の関数(g とする)のとき,z は x の関数になります.x を決めれば,
$$x \xrightarrow{g} y \xrightarrow{f} z$$
の順に z の値が定まるからです.この関数を f と g の**合成関数**と呼び,記号 $f \circ g$ により表します.f と g の順序には注意が必要で,x に先にはたらく関数 g を右に,つまり,$(f \circ g)(x)$ と書いたときに x の近くになるように書きます.
$$z = (f \circ g)(x) = f(g(x))$$
です.

例えば,
$$f(x) = 2x - 3, \qquad g(x) = -x^2 + 2x + 1$$
のとき,
$$(f \circ g)(x) = f(g(x)) = 2g(x) - 3 = 2(-x^2 + 2x + 1) - 3 = -2x^2 + 4x - 1$$
であり,
$$(g \circ f)(x) = g(f(x)) = -\{f(x)\}^2 + 2f(x) + 1$$
$$= -(2x - 3)^2 + 2(2x - 3) + 1 = -4x^2 + 16x - 14$$

です。この例が示すように，$f \circ g$ と $g \circ f$ は一般に別の関数です（一致する場合もあります）。

第2章 三角比

2.1. 三角定規

三角定規には2種類あります。

大きさはさまざまですが，種類ごとの形はすべて同一です。形が同一とは，正確に表現すると**相似**ということになります。つまり，3つの内角がそれぞれ等しく，3辺の長さの比も共通です。

1種類は，直角二等辺三角形になっています。3つの内角は $45°$，$45°$，$90°$ であり，辺の長さの比は $1:1:\sqrt{2}$ となっています。もう1種類は，3つの内角は $30°$，$60°$，$90°$ であり，辺の長さの比は $1:\sqrt{3}:2$ となっています。

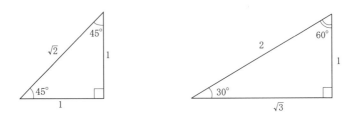

三角形の相似条件の1つに「**2組の内角が相等しい**」があります。三角定規の三角形に限らず，この条件が満たされる三角形どうしは，3辺の長さの比も共通になります。ところで，直角三角形どうしを比較する場合には，1つの内角が相等しいことが前提されているので，あと1つの内角が等しければ相似になります。つまり，直角三角形の形（3辺の長さの比）は1つの鋭角（直角三角形の直角以外の内角は鋭角です）で決定されます。

繰り返しになりますが，次の図において，3辺の長さ a, b, c の比の値（6通り

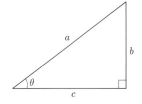

あります)

$$\frac{b}{a}, \frac{c}{a}, \frac{c}{b}, \frac{a}{b}, \frac{a}{c}, \frac{b}{c}$$

は，角度 θ により決定されます。つまり，いずれの比の値も角度 θ の関数になっています。

2.2. 鋭角の三角比

　前節で確認した 6 つの直角三角形の 3 辺の比の値のうち，後半の 3 つはそれぞれ前半の 3 つの逆数になっています。そこで，特に前半の 3 つの比の値

$$\frac{b}{a}, \frac{c}{a}, \frac{b}{c}$$

に注目します。

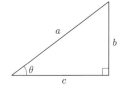

　すでに確認したように，この 3 つの比の値は角度 θ により決定される（関数になっている）ので，それぞれを

$$\sin\theta = \frac{b}{a}, \quad \cos\theta = \frac{c}{a}, \quad \tan\theta = \frac{b}{c} \tag{2.1}$$

という記号で表すことにします。sin（サイン），cos（コサイン），tan（タンジェント）は関数の名称であり，$\sin(\theta)$ などと書くこともあります。紛らわしくなければ ( ) を省略しますが，sin と θ の積ではないことに注意が必要です。

　sin は sine（正弦）の短縮，cos は cosine（余弦）の短縮，tan は tangent（正接）の短縮です。この 3 つをあわせて**三角比**と呼びます。

　実は，残りの 3 つの比の値にも名前があって，

$$\operatorname{cosec}\theta = \frac{a}{b}, \quad \sec\theta = \frac{a}{c}, \quad \cot\theta = \frac{c}{b}$$

と表しますが（cosec は csc とすることもあります），高校数学では登場しないの

で，ここでは記号の紹介だけに留めておきます。

逆に，sin, cos, tan の定義は明確に覚えておく必要があります。覚え方としては，それぞれの頭文字 s, c, t を筆記体で書く書き順に沿

って直角三角形の辺をなぞったときの比の値と一致していることに注目する方法があります。

ところで，$\sin\theta$, $\cos\theta$, $\tan\theta$ は鋭角 θ により決定されます。したがって，直角三角形から離れて，それぞれを鋭角の範囲の角度 θ の関数として捉えることができます。直角三角形を使って定義されているので，例えば，$\sin 37°$ の値が知りたければ，1つの鋭角が $37°$ の適当な大きさの直角三角形を描いて，辺の長さを測り比を計算すればよいのですが，$\sin 37°$ の $37°$ が直角三角形の内角である必要はありません。

$$\sin\theta \to 1\text{つの鋭角が }\theta\text{ の直角三角形} \to \sin\theta\text{ の値}$$
$$\cos\theta \to 1\text{つの鋭角が }\theta\text{ の直角三角形} \to \cos\theta\text{ の値}$$
$$\tan\theta \to 1\text{つの鋭角が }\theta\text{ の直角三角形} \to \tan\theta\text{ の値}$$

というように，(比喩的に表現すれば) 直角三角形は三角比の値を決定する触媒として機能します。$0°$ 以上 $90°$ 以下の角度に対する三角比の値を一覧表として付録 E に掲載しておきます。必要に応じて参照してください

さて，折角，(直角三角形から離れて) 角度の関数として三角比を定義したので，鋭角にしか使えないのでは勿体ないと思いませんか。そこで次節では，鈍角に対しても (実際には $0°$, $90°$, $180°$ に対しても) 三角比が使えるように定義を拡張します。

2.3. 三角比の定義

半径 r の半円を考えます。円の中心を原点として次図のように xy 座標を設定します。

円周上の点 P を決めて，この点 P の座標を (x, y) とします。点 P が座標平面の第1象限にあるとき，次図のような OP を斜辺とする直角三角形を考えることができ，斜辺以外の2辺の長さがそれぞれ x, y となります。したがって，$\angle \mathrm{PO}x = \theta$

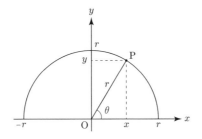

とすれば,
$$\sin\theta = \frac{y}{r}, \quad \cos\theta = \frac{x}{r}, \quad \tan\theta = \frac{y}{x} \tag{2.2}$$
です。これは，前節で定義した鋭角に対する（あるいは，直角三角形を用いた）三角比の定義 (2.1) から明らかです。

そこで，改めて (2.2) を三角比の定義として採用し直しても，θ が鋭角の範囲では前節の三角比と同じものとなり，さらに，$\theta = 0°, 180°$ の場合や θ が鈍角の場合にも θ の変域（三角比の定義域）を拡張することができます。ただし，$x = 0$ の場合は $\tan\theta$ が定義できないので，$\tan\theta$ の定義域からは $\theta = 90°$ は除きます。

もう一度整理すれば，三角比の定義は次のようになります。

$0° \leqq \theta \leqq 180°$ の範囲の角度 θ に対して，xy 平面上に上図のような作図をすれば,
$$\sin\theta = \frac{y}{r}, \quad \cos\theta = \frac{x}{r} \tag{2.3}$$
特に，$\theta \neq 90°$ のとき,
$$\tan\theta = \frac{y}{x} \tag{2.4}$$

今度は，半円（あるいは，その一部である扇形）が三角比を定義する触媒としてはたらいています。例えば，$\sin\theta$ の θ が必ずしも半円の一部である扇形の中心角である必要はありません。

有名角の三角比

三角比の値が具体的に求めやすい代表的な角度についてまとめておきます。

	0°	30°	45°	60°	90°	120°	135°	150°	180°
$\sin\theta$	0	$\dfrac{1}{2}$	$\dfrac{1}{\sqrt{2}}$	$\dfrac{\sqrt{3}}{2}$	1	$\dfrac{\sqrt{3}}{2}$	$\dfrac{1}{\sqrt{2}}$	$\dfrac{1}{2}$	0
$\cos\theta$	1	$\dfrac{\sqrt{3}}{2}$	$\dfrac{1}{\sqrt{2}}$	$\dfrac{1}{2}$	0	$-\dfrac{1}{2}$	$-\dfrac{1}{\sqrt{2}}$	$-\dfrac{\sqrt{3}}{2}$	-1
$\tan\theta$	0	$\dfrac{1}{\sqrt{3}}$	1	$\sqrt{3}$		$-\sqrt{3}$	-1	$-\dfrac{1}{\sqrt{3}}$	0

これは，結果的には覚えた方が便利ですが，無理に暗記するのではなく，直角三角形や円を描いて思い出せれば十分です。

三角比には次のような性質があります。いずれも定義に遡(さかのぼ)って考えれば，円周上の点の座標の対称性から理解できます。

$$\sin(90° - \theta) = \cos\theta, \quad \cos(90° - \theta) = \sin\theta$$
$$\sin(\theta + 90°) = \cos\theta, \quad \cos(\theta + 90°) = -\sin\theta$$
$$\sin(180° - \theta) = \sin\theta, \quad \cos(180° - \theta) = -\cos\theta$$

自分で図を描いて，上の表に示した値を確認してみましょう。

練習 2.2

右図と分度器を用いて，下の各値を小数第 2 位まで求めましょう。

(1) $\sin 20°$
(2) $\cos 20°$
(3) $\sin 70°$
(4) $\cos 70°$

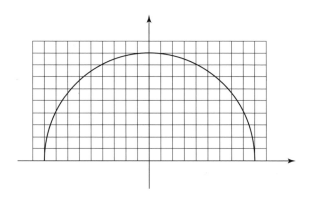

(5) $\sin 110°$ (6) $\cos 110°$ (7) $\sin 160°$ (8) $\cos 160°$

2.4. 三角比の基本関係式

3つの三角比 $\sin\theta$, $\cos\theta$, $\tan\theta$ の間には，一般に次の関係が成り立ちます．

$$\sin^2\theta + \cos^2\theta = 1 \tag{2.5}$$

$$\cos\theta \neq 0 \text{ のとき}, \quad \tan\theta = \frac{\sin\theta}{\cos\theta} \tag{2.6}$$

いずれも，三角比の定義から即座に証明できます．

ところで，$\sin^2\theta$ や $\cos^2\theta$ は，それぞれ $(\sin\theta)^2$, $(\cos\theta)^2$ を意味しますが，習慣上，このように表記します．3乗，4乗，……についても同様です．

$$\sin^3\theta = (\sin\theta)^3, \quad \cos^4\theta = (\cos\theta)^4, \quad \tan^4\theta = (\tan\theta)^4$$

さて，

$$\sin\theta = \frac{y}{r}, \qquad \cos\theta = \frac{x}{r}$$

とすると，xy 平面上の点 (x, y) は原点を中心とする半径 r の円周上の点なので，

$$x^2 + y^2 = r^2 \quad \therefore \quad \left(\frac{x}{r}\right)^2 + \left(\frac{y}{r}\right)^2 = 1$$

が成り立ちます．これは (2.5) の成立を示しています．

三角比の定義 (2.3), (2.4) に基づけば，

$$\tan\theta = \frac{y}{x} = \frac{\dfrac{y}{r}}{\dfrac{x}{r}} = \frac{\sin\theta}{\cos\theta}$$

と変形できます．つまり，(2.6) も成立します．

三角比の間には，他にも有用な関係式が多数存在しますが，ここでは最も基本的な2つの関係式の紹介に留めておきます．

2.5. 三角形への応用

正弦定理

△ABC を考えます．

直角三角形である必要はなく，また，鈍角三角形でも構いません．一般の三角

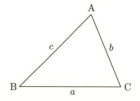

形を考えます。習慣上，各頂点 A, B, C の対辺 BC, CA, AB の長さをそれぞれ a, b, c とします。また，$\angle A = A$, $\angle B = B$, $\angle C = C$ とします。このとき，

$$\frac{a}{\sin A} = \frac{b}{\sin B} = \frac{c}{\sin C} = 2R \tag{2.7}$$

が成り立ちます。ここで，R は $\triangle \mathrm{ABC}$ の外接円の半径です。(2.7) を**正弦定理**と呼びます。三角比の定義に基づいて証明できる基本的な定理です。（***1**）

余弦定理

一般の $\triangle \mathrm{ABC}$ について，正弦定理の他に，

$$\begin{aligned} a^2 &= b^2 + c^2 - 2bc \cos A \\ b^2 &= c^2 + a^2 - 2ca \cos B \\ c^2 &= a^2 + b^2 - 2ab \cos C \end{aligned} \tag{2.8}$$

が成り立ちます。これを**余弦定理**と呼びます。

例えば，第 1 式は $A = 90°$ のとき，

$$a^2 = b^2 + c^2$$

となり，三平方の定理を再現します。余弦定理は三平方の定理を一般の三角形に拡張した定理と捉えることができます。（***2**）

2.6. 定義の拡張

三角比 $\sin\theta$, $\cos\theta$, $\tan\theta$ の定義域は自然に 180° を超える角度にも広げることができます。

半円ではなく，円を考えることにより，

$$\sin\theta = \frac{y}{r}, \qquad \cos\theta = \frac{x}{r} \tag{2.9}$$

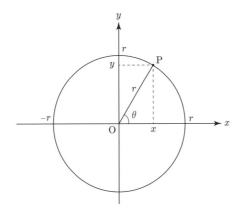

特に, $\theta \neq 90°$ のとき,
$$\tan\theta = \frac{y}{x} \tag{2.10}$$
とすれば, $0° \leqq \theta \leqq 180°$ の範囲では, 上の定義と一致し, さらに $180° < \theta \leqq 360°$ の範囲でも三角比を使うことができます.

三角比の定義より, xy 平面上の点 P $(\neq O)$ に対して,
$$OP = r, \qquad \angle POx = \theta$$
とすれば, 点 P の座標 (x, y) は,
$$x = r\cos\theta, \qquad y = r\sin\theta$$
です.

練習 2.3 次の表を完成させましょう.

θ	210°	240°	270°	315°	330°	360°
$\sin\theta$						
$\cos\theta$						
$\tan\theta$						

練習 2.4 次の図中の点 A, B, C, D の座標を求めましょう.

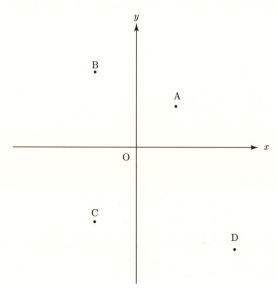

OA = 4,   ∠AOx = 45°
OB = 6,   ∠BOy = 30°
CO = 6,   ∠COx = 120°
DO = 10, ∠DOx = 45°

第3章 ベクトル

3.1. スカラーとベクトル

　物理では，実体的な「ことがら」の表現として数量を用います。その際に，向きを指定しないと「ことがら」を表現できない場合があります。例えば，将棋の飛車の進め方を表現するには，前・後・右・左のいずれか（向き）と，進めるマス目の数（大きさ）の両方を指定する必要があります。このように，向きと大きさをもつ数量を**ベクトル**と呼びます。

　一方，向きの区別のない数量を**スカラー**と呼びます。ベクトルの大きさはスカラーです。スカラーについて，大きさのみをもつ量と説明されることがありますが，不正確です。符号をもち正負の区別があるスカラー量もあります。例えば，摂氏温度もスカラーです。また，スカラー量の変化（増減を符号で表現します）もスカラーです。

3.2. ベクトルの具体例

　ベクトルの例として最も分かりやすいのは，移動（**変位**(へんい)）です。上の将棋の駒の例と同様に，変位は向きと距離（大きさ）により指定されます。イメージとしては，変位の始点 A と終点 B を矢印で繋ぐことにより表示できます。

このようなベクトルは始点と終点の記号（名称）を並べ，上に矢印を乗せた記号 $\overrightarrow{AB}$ で表します。A, B の位置関係によらず始点・終点の順で並べて矢印は右向きに書きます。

この変位の例の場合は，始点と終点に意識が向きますが，ベクトルとしては始点や終点の位置自体には意味がなく，矢印の表す向きと距離に意味があり，それらのみがベクトルの実体です。A, B とは別の点 C, D について，C から見た D の向きが，A から見た B の向きと同一で，AB = CD であるなら，$\overrightarrow{AB}$ と $\overrightarrow{CD}$ は同じベクトルです。

$$\overrightarrow{AB} = \overrightarrow{CD}$$

つまり，2つのベクトルが等しいとは，その向きと大きさがともに等しいことを意味します。

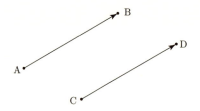

そうすると，上の例で変位を表すベクトルを，その始点や終点に依存した形 $\overrightarrow{AB}$ で表示するのは，好ましくない場合もあります。そこで，始点や終点とはまったく別の名称を付ける場合があります。例えば，変位（displacement）の頭文字を使って $\vec{d}$ で表すなどします。

$$\vec{d} = \overrightarrow{AB}$$

ベクトルであることを示すために矢印を乗せます。他に，太字 **d** で表すなどの表記法もよく用いられます。本書では，高校の教科書に合わせて矢印を乗せる方法を採用します。

前述の通り，ベクトルの本質は向きと大きさであり，始点の位置や終点の位置は，図示する場合の便宜的な意味しかもちません。したがって，平行移動して重なるベクトルは互いに等しい関係にあります。

特別なベクトルとして，大きさが 0 のベクトルも考えます。このベクトルを**零（ゼロ）ベクトル**と呼び，$\vec{0}$ で表示します。零ベクトルには向きは定義されませ

ん。移動であれば，零ベクトルは，移動しないでその場に留まるという特別な移動を表すことになります。

次節以降の説明は，変位を表すベクトルのみでなく，ベクトル一般に通用しますが，初学の段階では常に変位をイメージすると解りやすいでしょう。

3.3. ベクトルの成分表示

前節の変位の例において，変位のベクトルを $\vec{d}$ で表すと，これは抽象的な表現であり，変位についての具体的な情報を表していません。座標系を設定して**成分表示**すれば，成分表示にはベクトルの実体が現れるので便利です。また，次節以降で学ぶ演算の実行にも重宝します。

平面（この紙面）内のベクトルを考えます。

これを成分表示するためには，この平面上に xy 座標を設定します。そして，各座標軸にベクトル（をイメージする矢印）を正射影した（始点と終点から下ろした垂線の足を結んだ）矢印の符号付き長さを d_x, d_y とします。符号付き長さとは，矢印の大きさに，正射影の向きが座標軸の向きと同じならば正（＋），逆ならば負（－）の符号を付けた値です。

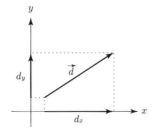

d_x, d_y の組 $\begin{pmatrix} d_x \\ d_y \end{pmatrix}$ は，元のベクトル $\vec{d}$ と 1 対 1 に対応するので，同一視することができます。その意味で，

$$\vec{d} = \begin{pmatrix} d_x \\ d_y \end{pmatrix}$$

とします。この右辺をベクトル $\vec{d}$ の**成分表示**と呼びます。このとき，d_x, d_y をそれぞれ x 成分，y 成分と呼びます。

ベクトル $\vec{d}$ の大きさは，絶対値の記号を用いて $|\vec{d}|$ で表します。上図から分かるように，$\vec{d} = \begin{pmatrix} d_x \\ d_y \end{pmatrix}$ のとき，三平方の定理より，

$$|\vec{d}| = \sqrt{d_x{}^2 + d_y{}^2}$$

となります。

練習 3.1 次の各ベクトルを xy 平面上に図示して，さらに成分表示しましょう。ただし，角度は反時計回りに測ることにします。

(1) x 軸の正の向きとなす角が $30°$ で大きさ 2 のベクトル
(2) x 軸の正の向きとなす角が $-60°$ で大きさ 4 のベクトル
(3) y 軸の正の向きとなす角が $45°$ で大きさ 4 のベクトル

空間内のベクトルを成分表示する場合には，xyz 座標を設定して，上と同様に，各座標軸への正射影により x 成分，y 成分，z 成分の 3 つの成分を読み取り，

$$\vec{d} = \begin{pmatrix} d_x \\ d_y \\ d_z \end{pmatrix}$$

のように，その組により成分表示できます。

成分表示した場合の成分の個数以外は，平面内のベクトルも空間内のベクトルも考え方は同一なので，以下では平面内のベクトルを採り上げて説明していきます。

3.4. ベクトルの相等

2 つのベクトル $\vec{a}, \vec{b}$ について，向きと大きさが等しい場合，両者はベクトルとして同一なので，

「$\vec{a}$ と $\vec{b}$ は等しい」

と言い，
$$\vec{a} = \vec{b}$$
と表示します．このとき，一方のベクトルを，その始点が他方のベクトルの始点と一致するように平行移動すれば，終点どうしも一致します．つまり，平行移動により2つのベクトルはピッタリ重なります．

$\vec{a}, \vec{b}$ が同じ平面内のベクトルであり，$\vec{a} = \begin{pmatrix} a_x \\ a_y \end{pmatrix}$, $\vec{b} = \begin{pmatrix} b_x \\ b_y \end{pmatrix}$ のとき，

$$\vec{a} = \vec{b} \iff \begin{cases} a_x = b_x \\ a_y = b_y \end{cases}$$

です．つまり，すべての成分が等しいベクトルどうしは，ベクトルとして等しいことになります．

3.5. ベクトルの基本演算

ベクトルの**スカラー倍**および**和**と呼ばれる基本的な演算を学びます．これらは，演算結果もベクトルになります．

スカラー倍

ベクトル
$$\vec{a} = \begin{pmatrix} a_x \\ a_y \end{pmatrix}$$
と，スカラー（要するに実数だと思って構いません）k に対して，ベクトル $k\vec{a}$ を次のように定義します．すなわち，

$k > 0$ ならば，$\vec{a}$ と同じ方向，同じ向きで大きさが k 倍のベクトル

$k < 0$ ならば，$\vec{a}$ と同じ方向，逆向きで大きさが $|k| = -k$ 倍のベクトル

$k = 0$ ならば，$\vec{0}$

を $k\vec{a}$ で表します．このような演算を**ベクトルのスカラー倍**と呼びます．

このベクトル $k\vec{a}$ の成分表示は，

$$k\vec{a} = \begin{pmatrix} ka_x \\ ka_y \end{pmatrix}$$

となります。

ベクトル $\vec{a}$ に対して -1 倍のベクトルを $-\vec{a}$ と表します。

$$(-1) \cdot \vec{a} = -\vec{a}$$

和

2つのベクトル

$$\vec{a} = \begin{pmatrix} a_x \\ a_y \end{pmatrix}, \quad \vec{b} = \begin{pmatrix} b_x \\ b_y \end{pmatrix}$$

に対して、ベクトル $\vec{a} + \vec{b}$ を次のように定義します。すなわち、

$\vec{a}$ の終点と $\vec{b}$ の始点が重なるように $\vec{a}, \vec{b}$ を配置したときに、
$\vec{a}$ の始点を始点、$\vec{b}$ の終点を終点とするベクトル

を $\vec{a} + \vec{b}$ で表します。このような演算を**ベクトルの和**と呼びます。

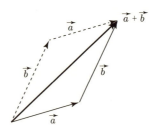

$\vec{a}, \vec{b}$ を隣り合う2辺とする平行四辺形を考えれば分かるように、$\vec{a} + \vec{b}$ と $\vec{b} + \vec{a}$ は、互いに等しいベクトルになります。

$$\vec{a} + \vec{b} = \vec{b} + \vec{a}$$

また、$-\vec{b}$ との和は $\vec{b}$ との差として表記します。

$$\vec{a} + (-\vec{b}) = \vec{a} - \vec{b}$$

なお、

$$\vec{a} - \vec{a} = \vec{0}$$

です。

$\vec{a} + \vec{b}$ の成分表示は，

$$\vec{a} + \vec{b} = \begin{pmatrix} a_x + b_x \\ a_y + b_y \end{pmatrix}$$

となります。

スカラー倍も和も，成分ごとに，その演算を行えばよいのです。

3.6. ベクトルの内積

ベクトルの**内積**と呼ばれる演算について学びます。これは演算結果がスカラーになるので，**スカラー積**と呼ぶこともあります。

2つのベクトル $\vec{a}$, $\vec{b}$ について，そのなす角が θ であるとき，$\vec{a} \cdot \vec{b}$ を

$$\vec{a} \cdot \vec{b} = |\vec{a}| \cdot |\vec{b}| \cdot \cos\theta$$

により定義し，これを $\vec{a}$ と $\vec{b}$ の内積と呼びます。

$\vec{a} \neq \vec{0}$, $\vec{b} \neq \vec{0}$, $\theta \neq 0°, 180°$ の場合に，下図のような $\vec{a}, \vec{b}$ を2辺とする三角形を考えると，残りの辺は $\vec{a} - \vec{b}$ と対応します。

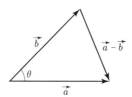

したがって，余弦定理より，

$$|\vec{a} - \vec{b}|^2 = |\vec{a}|^2 + |\vec{b}|^2 - 2|\vec{a}| \cdot |\vec{b}| \cdot \cos\theta$$

が成り立ちます。この関係式自体は，$\vec{a} = \vec{0}$, $\vec{b} = \vec{0}$, $\theta = 0°, 180°$ のいずれかの場合で三角形が潰れてしまうときにも成り立ちます。したがって，一般に，

$$\vec{a} \cdot \vec{b} = \frac{1}{2}\left(|\vec{a}|^2 + |\vec{b}|^2 - |\vec{a} - \vec{b}|^2\right)$$

となります。

$\vec{a} = \begin{pmatrix} a_x \\ a_y \end{pmatrix}$, $\vec{b} = \begin{pmatrix} b_x \\ b_y \end{pmatrix}$ とすると,

$$|\vec{a}|^2 + |\vec{b}|^2 - |\vec{a} - \vec{b}|^2 = 2(a_x b_x + a_y b_y)$$

となるので (*3), ベクトルの内積は成分を用いて

$$\vec{a} \cdot \vec{b} = a_x b_x + a_y b_y$$

と表すことができます。

内積の意味について検討してみます。大雑把に言えば，2つのベクトルの重なり具合を表す量になります。

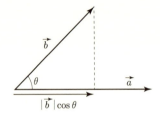

$\vec{a}$ と $\vec{b}$ の内積 $\vec{a} \cdot \vec{b}$ は，$\vec{b}$ を $\vec{a}$ の向きに正射影した符号付き長さ（成分）と $|\vec{a}|$ の積と見ることができます（あるいは，$\vec{a}$ と $\vec{b}$ の立場を入れ換えて理解することもできます）。

$\vec{a}$, $\vec{b}$ の大きさはそれぞれ一定で，そのなす角 θ が変化する場合を考えると，$\vec{a}$, $\vec{b}$ の内積

$$\vec{a} \cdot \vec{b} = |\vec{a}| \cdot |\vec{b}| \cdot \cos \theta$$

の値は，θ の値に応じて変化します。$\theta = 0°$ で2つのベクトルが同じ向きを向く場合に最大値 $|\vec{a}| \cdot |\vec{b}|$ をとり，$\theta = 180°$ で逆向きとなる場合に最小値 $-|\vec{a}| \cdot |\vec{b}|$ をとります。

$\theta = 180°$ の場合も2つのベクトルの方向は共通です（数学や物理では「向き」と「方向」は異なる意味に使い分けます）。内積の大きさ（絶対値）が，2つのベクトルの方向の重なり具合を表し，符号は向きの異動により負または正となります。$\theta = 90°$ の場合は，内積の値が0となります。これは，方向もまったく重なっていないことを示します。2つのベクトルは完全に独立な方向を向いているのです。

特に，ある向きの**単位ベクトル**（大きさ 1 のベクトル）$\vec{e}$ とベクトル $\vec{a}$ との内積は，ベクトル $\vec{a}$ のその向きの成分を表します。

零ベクトルでないベクトル $\vec{b}$ に対して，

$$\vec{e} = \frac{\vec{b}}{|\vec{b}|}$$

は，$\vec{b}$ と同じ向きの単位ベクトルになります。したがって，

$$\vec{a} \cdot \vec{e} = \vec{a} \cdot \frac{\vec{b}}{|\vec{b}|} = \frac{\vec{a} \cdot \vec{b}}{|\vec{b}|}$$

は，ベクトル $\vec{a}$ のベクトル $\vec{b}$ の向きの成分を表します。

練習 3.2 xy 平面内のベクトル $\vec{a} = \begin{pmatrix} 2 \\ 4 \end{pmatrix}$ の，直線 $y = x$ 方向で x 座標が増える向きの成分，直線 $y = -x$ の方向で x 座標が増える向きの成分をそれぞれ求めましょう。

第4章 微分の考え方

4.1. 関数の平均変化率

実数から実数への関数

$$y = f(x)$$

を考えます。

変数 x が $x = a$ から $x = a + \Delta x$ へ変化する間の（Δx は $\Delta \times x$ ではなく，x の変化量という1つの数を表す表記で，「デルタエックス」と読みます）に対する y の変化は，

$$\Delta y = f(a + \Delta x) - f(a)$$

です。このとき，比の値

$$\frac{\Delta y}{\Delta x} = \frac{f(a + \Delta x) - f(a)}{\Delta x}$$

は，$x = a$ から $x = a + \Delta x$ と x が Δx だけ変化する間の，関数 $f(x)$ の**平均変化率**を表します。

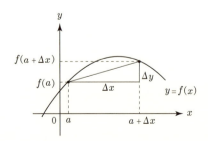

1次関数の平均変化率は，a の値にも Δx の値に依存しません。実際，
$$f(x) = Ax + B \quad (A, B \text{ は定数})$$
の場合を考えれば，
$$\Delta y = f(a + \Delta x) - f(a) = \{A(a + \Delta x) + B\} - (Aa + B) = A\Delta x$$
なので，
$$\frac{\Delta y}{\Delta x} = \frac{A\Delta x}{\Delta x} = A$$
となります。

一方，一般の関数では平均変化率は a にも Δx にも依存します。例えば，
$$f(x) = x^2$$
の場合，
$$\Delta y = f(a + \Delta x) - f(a) = (a + \Delta x)^2 - a^2 = 2a\Delta x + (\Delta x)^2$$
なので，
$$\frac{\Delta y}{\Delta x} = \frac{2a\Delta x + (\Delta x)^2}{\Delta x} = 2a + \Delta x$$
となります。

特に変化の起点である a を定めても値が Δx に依存するので <u>平均</u> 変化率と呼びます。詳しく表現すれば「$x = a$ における Δx の間の平均の変化率」という意味です。

4.2. 微分係数

自動車が一直線に走るとき，その速さは時間 x の関数としての走行距離 y の変化率です（これを特に**速度**とか**速さ**と呼びます）。自動車のスピードメーター（デジタルではなくアナログ式の方が好ましい）は，自動車が加速している間は，時々刻々，表示が変化します。例えば，1秒ごとに表示が変化するのであれば，その表示はおそらく1秒間の平均変化率（平均速度）を表示しているのでしょう。しかし，アナログ式のスピードメーターの表示は連続的に変化します。そして，各瞬間ごとには特定の値を示しています。

関数 $y = f(x)$ について $x = a$ における瞬間変化率を求めることを考えます。そのためには，平均変化率

$$\frac{\Delta y}{\Delta x} = \frac{f(a + \Delta x) - f(a)}{\Delta x}$$

において，平均をとる幅 Δx をできるだけ小さくする必要があります。しかし，実数値の幅はどんなに小さくしても，さらに小さい幅（例えば，その半分，あるいは，10分の1）が存在します。そこで，Δx を限りなく0に近づける状況を考えます。このような操作を極限と言います。

Δx を限りなく0に近づける極限を考える状況を $\Delta x \to 0$ と表したり，記号 lim（極限 limit の省略）を用いて

$$\lim_{\Delta x \to 0} \frac{\Delta y}{\Delta x} \tag{4.1}$$

と表したりします。$\Delta x \to 0$ とは $\Delta x = 0$ とすることとはまったく異なります。むしろ決して $\Delta x = 0$ とはしません（分数の分母を0とすることはできません）。0に近づけるだけです。しかし，そうすると (4.1) の表す値が定まらないように思えます。(4.1) 式は，$\Delta x \to 0$ としたときに，$\frac{\Delta y}{\Delta x}$ が限りなく近づいていく先の値を表す表記です。例えば，$\frac{\Delta y}{\Delta x}$ が5に限りなく近づくならば，

$$\lim_{\Delta x \to 0} \frac{\Delta y}{\Delta x} = 5$$

と表記します。また，このとき，

「$\frac{\Delta y}{\Delta x}$ は，$\Delta x \to 0$ の極限において5に収束する」

という言い方をします。収束する先の値を極限値と呼びます。

「5に限りなく近づく」とうことがどのような状況なのか解りにくいかも知れません。これは，Δx をある程度以上0に近づければ，5との差をいくらでも小さくできるということを意味します。仮に，

$$\frac{\Delta y}{\Delta x} = 2\Delta x + 5$$

だとします。この値と5との差を1000000分の1未満にしたければ，$|\Delta x|$ を500000分の1未満にすればよく，5との差を1000000000分の1未満にしたければ，$|\Delta x|$ を500000000分の1未満にすればよく，いくらでも5との差を小さくすることが可能です。このときに，

$$\lim_{\Delta x \to 0} \frac{\Delta y}{\Delta x} = 5$$

と表します。左辺は，

$$\lim_{\Delta x \to 0} (2\Delta x + 5)$$

と表すこともできます。$2\Delta x + 5$ ならば，$\Delta x = 0$ とすることは可能で，そのときの値が極限値と一致します。このように，極限を調べる式を上手く変形して $\Delta x = 0$ とすることが可能な形になれば，そこで $\Delta x = 0$ とした値が極限値に一致します。

関数の平均変化率の極限値には名前がついています。**微分係数**と呼びます。

$$\lim_{\Delta x \to 0} \frac{f(a + \Delta x) - f(a)}{\Delta x} = 5$$

であるならば，

「関数 $f(x)$ の $x = a$ における微分係数は 5 である」

ということになります。また，微分係数は

$$f'(a)$$

という表記で表します。$'$ は「ダッシュ」あるいは「プライム」と読みます。

$$x = a \text{ において}, \quad \lim_{\Delta x \to 0} \frac{\Delta y}{\Delta x} = f'(a) \tag{4.2}$$

となります。限りなく小さい（大きさが 0 に近いということで，**無限小**と言います）変数の変化を d（数学の教科書では斜体の d で表しています）という記号を用いて，

$\mathrm{d}x$（x の無限小変化）, $\quad \mathrm{d}y$（y の無限小変化）

などと表します。これらは概念を表す記号ですが，通常の数量のように扱うことが可能です。(4.2) は，

$$x = a \text{ において}, \quad \frac{\mathrm{d}y}{\mathrm{d}x} = f'(a) \quad \therefore \quad \mathrm{d}y = f'(a)\,\mathrm{d}x$$

と表すこともできます。変数の無限小変化を**微分**と呼ぶこともあります。微分係数は，微分と微分の比例係数になっているのです。

1 次関数 $f(x) = Ax + B$ の場合，平均変化率は，変化率を求める x の値にも変

化の幅 Δx にもよらず A でした。この場合は $f(x)$ の微分係数も一様に A となります（定数の極限値は，その定数に一致します）。そして，A の値は，この関数のグラフの傾きと一致します。

一般に，微分係数の値は，その瞬間における関数のグラフの傾き（勾配）を表します。しかし，関数のグラフは一般には曲線になり，「瞬間の傾き」の意味が不明確です。曲線の十分に小さい部分を相似拡大してみると（相似でないと傾きが変化してしまう），直線に見えます（地球の表面は遠くから見ると球面ですが，普段歩いている地面は平坦です）。イメージ的には，無限小の部分を無限大に拡大すれば，直線に見えるだけではなく直線と扱うことができます。その直線の傾きが，その点における関数の微分係数になっています。

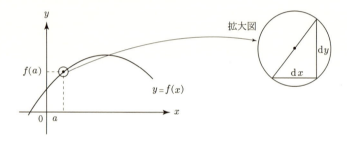

なお，無限小の部分を無限大に拡大して現れた直線を xy 平面全体に延長した直線を，その点における曲線 $y = f(x)$ の接線と呼びます。

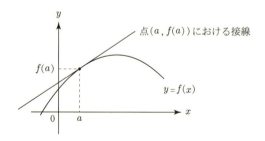

点 $(a, f(a))$ における接線は，その点を通り傾きが $f'(a)$ の直線なので，方程式

$$y - f(a) = f'(a)(x - a)$$

で与えられます。これは，微分についての関係式

$$\mathrm{d}y = f'(a)\,\mathrm{d}x$$

を
$$\Delta y = f'(a)\, \Delta x$$
と，$(x, y) = (a, f(a))$ からの有限の（無限小でない）変化に拡張した方程式になっています。

4.3. 導関数

$f(x) = x^2$ のとき，$x = a$ における平均変化率は
$$\frac{\Delta y}{\Delta x} = \frac{f(a + \Delta x) - f(a)}{\Delta x} = 2a + \Delta x$$
なので，$x = a$ における微分係数は，
$$f'(a) = \lim_{\Delta x \to 0} (2a + \Delta x) = 2a$$
です。微分係数を求める x の値を具体的に -1 とか 3 などと定めずに文字で表したので，改めて $x = -1$ における微分係数を知りたければ，$f'(a) = 2a$ において $a = -1$ とすれば，その値が得られます。a の値ごとに $f'(a)$ の値が定まるので，$f'(a)$ は a の関数と見ることができます。ある関数 $f(x)$ の微分係数を与える関数を，もとの関数 $f(x)$ の**導関数**と呼びます。習慣上は，導関数の変数としても x を用いて，$f'(x)$ により $f(x)$ の導関数を表します。

上の例に即して書けば，
$$f(x) = x^2 \text{ のとき，} f'(x) = 2x$$
となります。$f'(a) = 2a$ の a を x に読み換えました。あるいは，はじめから x を使って，
$$f'(x) = \lim_{\Delta x \to 0} \frac{f(x + \Delta x) - f(x)}{\Delta x} = \lim_{\Delta x \to 0} (2x + \Delta x) = 2x$$
として平均変化率の極限を求めれば，導関数を求めることができます。

$y = f(x)$ の対応を考えるときには，導関数を y' で表すこともあります。つまり，
$$y', \quad f'(x), \quad \frac{\mathrm{d}y}{\mathrm{d}x}, \quad \frac{\mathrm{d}}{\mathrm{d}x}(y)$$
が，いずれも関数 $y = f(x)$ の導関数を表します。最後の表記法において $\dfrac{\mathrm{d}}{\mathrm{d}x}$ は導関数を求める操作を表します。このような操作を表す記号を**演算子**と呼びます。

$\dfrac{\mathrm{d}}{\mathrm{d}x}$ は特に微分（導関数や導関数を求める操作のことを微分と呼ぶこともあります）を表す演算子なので，**微分演算子**と言います。

数学の興味としては，まず与えられた関数に対して導関数が存在するか否かが問題となります。必ずしも導関数が存在するとは限りません。しかし，物理では基本的に導関数が存在する関数しか扱いません。以下，本書を通して扱う関数はすべて導関数が存在することを前提に議論します。

4.4. 多項式の導関数

$f(x) = x^2$ のとき，
$$f'(x) = 2x$$
でしたが，同様にして
$$f(x) = x \text{ のとき，} \quad f'(x) = 1$$
$$f(x) = x^3 \text{ のとき，} \quad f'(x) = 3x^2$$
などを導くことができます。 (***4**)

また，一般に自然数 n に対して，
$$f(x) = x^n \text{ のとき，} \quad f'(x) = nx^{n-1} \tag{4.3}$$
となります。これは，導関数の定義に従って計算すれば求められます。

因数分解の公式
$$a^n - b^n = (a-b)(a^{n-1} + a^{n-2}b + \cdots + ab^{n-2} + b^{n-1})$$
を用いれば，n を 2 以上の自然数として，$f(x) = x^n$ のとき，
$$f(x+\Delta x) - f(x) = (x+\Delta x)^n - x^n$$
$$= \Delta x\{(x+\Delta x)^{n-1} + (x+\Delta x)^{n-2}x + \cdots + (x+\Delta x)x^{n-2} + x^{n-1}\}$$
よって，
$$\frac{f(x+\Delta x) - f(x)}{\Delta x}$$
$$= (x+\Delta x)^{n-1} + (x+\Delta x)^{n-2}x + \cdots + (x+\Delta x)x^{n-2} + x^{n-1}$$

となります．$\Delta x \to 0$ とすれば，右辺の n 個の項すべてが x^{n-1} に収束します．したがって，

$$f'(x) = nx^{n-1}$$

です．

また，特別な関数として，$f(x) = c$（一定）という関数（定数関数，任意の x が同じ値に対応させられる関数）の導関数は $f'(x) = 0$ です．導関数の定義に従って計算しても求められますが，導関数（微分係数）の意味を考えれば当然でしょう．

導関数には次のような基本的な性質が成り立ちます．

$$\frac{\mathrm{d}}{\mathrm{d}x}(f(x) + g(x)) = f'(x) + g'(x)$$

定数 c に対して，$\dfrac{\mathrm{d}}{\mathrm{d}x}(cf(x)) = cf'(x)$

この2つの性質をあわせて微分の**線形性**(せんけいせい)と言います．線形性とは，ある操作（ここでは微分）が，和や定数倍と順序交換可能である性質です．2つの性質を，次のようにまとめて表現することもできます．

定数 a, b に対して，$\dfrac{\mathrm{d}}{\mathrm{d}x}(af(x) + bg(x)) = af'(x) + bg'(x)$

これを，導関数の定義に基づいて証明します．

$af(x) + bg(x)$ を1つの関数と見るので，

$$h(x) = af(x) + bg(x)$$

とおきます．求めるべきは，この $h(x)$ の導関数です．定義より，

$$h'(x) = \lim_{\Delta x \to 0} \frac{h(x + \Delta x) - h(x)}{\Delta x}$$

です．ここで，a, b は定数なので，

$$h(x + \Delta x) - h(x) = \{af(x + \Delta x) + bg(x + \Delta x)\} - \{af(x) + bg(x)\}$$
$$= a\{f(x + \Delta x) - f(x)\} + b\{g(x + \Delta x) - g(x)\}$$

であり，

$$h'(x) = \lim_{\Delta x \to 0} \left\{ a \cdot \frac{f(x + \Delta x) - f(x)}{\Delta x} + b \cdot \frac{g(x + \Delta x) - g(x)}{\Delta x} \right\}$$

となります．ここで，

$$f'(x) = \lim_{\Delta x \to 0} \frac{f(x+\Delta x) - f(x)}{\Delta x}, \quad g'(x) = \lim_{\Delta x \to 0} \frac{g(x+\Delta x) - g(x)}{\Delta x}$$

であるから，結局，

$$h'(x) = af'(x) + bg'(x)$$

すなわち，

$$\frac{\mathrm{d}}{\mathrm{d}x}(af(x) + bg(x)) = af'(x) + bg'(x)$$

が成り立つことが示されました。

以上，整理すると，導関数について次の内容を確認することができました。

定数 c に対して，$\quad \dfrac{\mathrm{d}}{\mathrm{d}x}(c) = 0$

自然数の定数 n に対して，$\dfrac{\mathrm{d}}{\mathrm{d}x}(x^n) = nx^{n-1}$

定数 a, b に対して，$\quad \dfrac{\mathrm{d}}{\mathrm{d}x}(af(x) + bg(x)) = af'(x) + bg'(x)$

これらを組み合わせれば，多項式で表された関数の導関数を求めることができます。例えば，

$$\frac{\mathrm{d}}{\mathrm{d}x}(3x^3 - 5x^2 + 7x + 5) = 3 \cdot \frac{\mathrm{d}}{\mathrm{d}x}(x^3) - 5\frac{\mathrm{d}}{\mathrm{d}x}(x^2) + 7\frac{\mathrm{d}}{\mathrm{d}x}(x) + \frac{\mathrm{d}}{\mathrm{d}x}(5)$$
$$= 3 \cdot 3x^2 - 5 \cdot 2x + 7 \cdot 1 + 0$$
$$= 9x^2 - 10x + 7$$

となります。

練習 4.1 次の関数の導関数を求めてみましょう。

(1) $f(x) = 7x + 2$ (2) $f(x) = x^2 - 5x + 6$
(3) $f(x) = (x+1)(3-x)$ (4) $f(x) = (2x+1)^3$

4.5. x^p の導関数

自然数の定数 n に対して

$$\frac{\mathrm{d}}{\mathrm{d}x}(x^n) = nx^{n-1}$$

であることを調べましたが，実は，実数の定数 p に対して
$$\frac{\mathrm{d}}{\mathrm{d}x}(x^p) = px^{p-1} \qquad (x > 0)$$
となります．しかし，これを導くには多くの準備が必要になるため，ここでは結果を示すのみにしておきます．§8.5 において再考します．

第5章 積分の考え方

5.1. 積分

　小学校で円の面積を求めるときに，扇形に分割し互い違いに並べて長方形に変換したと思います。

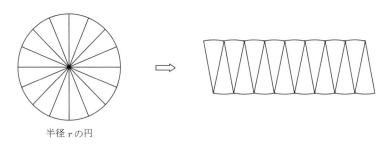

精密には扇形への分割を無限にする必要があります。

　つまり，無限小の扇形を集めることにより長方形を作り面積を求めます。一般には，このように無限小に分割して積算する手続きを**積分**と呼びます。以下では，関数 $f(x)$ に，変数 x の無限小変化 dx を乗じた無限小量 $f(x)\,dx$ を積分した値を

5.2. 数列の和

定義域が自然数である関数を**数列**と呼ぶことがあります。順番に並べた数の列という意味です。

例えば，素数を小さい順に並べると

$$2,\ 3,\ 5,\ 7,\ \cdots$$

となりますが，これは，定義域内の 1 に 2 が，2 に 3 が，3 に 5 がというふうに対応させた関数です。

数列の場合は，習慣的に定義域内の変数には n や m を用います。また，関数の名前には a や b などを用いて，これも習慣的に $a(n)$ と書かずに a_n という表示をします。数列の全体は $\{a_n\}$ で表し，$a_1, a_2, a_3, \cdots$ の 1 つ 1 つは数列の**項**と呼び，具体的には，それぞれを第 1 項（初項），第 2 項，第 3 項，……と言います。

上の例では

$$a_1 = 2,\ a_2 = 3,\ a_3 = 5,\ \cdots$$

となっています。

一般の n に対する第 n 項は**一般項**とも呼びます。一般項を n の式で表示することが，関数を変数の具体的な式で表すことに対応します。

上の例の一般項を表示するのは困難ですが，簡単な例として，正の奇数を小さい順に並べて作った数列 $\{b_n\}$

$$1,\ 3,\ 5,\ 7,\ \cdots$$

の一般項 b_n は，

$$b_n = 2n - 1 \quad (n = 1, 2, 3, \cdots)$$

となります。

数列の和を考えます。上の数列 $\{b_n\}$ の初項から第 3 項までの和は

$$b_1 + b_2 + b_3 = 1 + 3 + 5 = 9$$

となります。和を求める範囲を第 5 項までに広げると

$$b_1 + b_2 + b_3 + b_4 + b_5 = 9 + 7 + 9 = 25$$

となります。このように，初項からの和を考えるとき，その値は和を求める最後の項の番号 n の関数になります。この関数も数列を形成するので $\{S_n\}$ と表すことにします。S は和（sum）の頭文字から採りました。

$$S_3 = b_1 + b_2 + b_3 = 9$$
$$S_5 = b_1 + b_2 + b_3 + b_4 + b_5 = 25$$

でした。また，$\{S_n\}$ の一般項は

$$S_n = b_1 + b_2 + b_3 + \cdots + b_n$$

「$\cdots$」という表示は曖昧なので，次のような表示を用いることがあります。

$$S_n = \sum_{k=1}^{n} b_k$$

Σ（「シグマ」と読みます）はローマ字の S（sum の頭文字）に対応するギリシャ文字です。$\sum b_k$ により，b_k の和を求めよ，という指示を示しています。その下と上の $k=1$ と n は和の範囲を指定していて，k について 1 から n まで和を求めよ，という指示を表します。変数として k を用いているのは，和の終点である n と区別するためにです。通常は上の部分の変数は省略しますが，

$$S_n = \sum_{k=1}^{k=n} b_k$$

と書くこともあります。

和の終点として具体的な数値が指定されていても構いません。

$$S_3 = \sum_{k=1}^{3} b_k, \quad S_5 = \sum_{k=1}^{5} b_k$$

この場合は，変数として n を用いても紛らわしくないので，

$$S_3 = \sum_{n=1}^{3} b_n, \quad S_5 = \sum_{n=1}^{5} b_n$$

と書いても構いません。変数としての k や n はダミーなので何を使っても結論は同じです。

さて，$b_n = 2n - 1$ について，

$$S_n = \sum_{k=1}^{k=n} b_k$$

を求めてみましょう。上で具体的に求めた結果

$$S_3 = 9 = 3^2, \qquad S_5 = 25 = 5^2$$

より,

$$S_n = n^2$$

と予想できます。この予想が正しいとすれば,

$$S_n - S_{n-1} = n^2 - (n-1)^2 = 2n - 1$$

となり, b_n の一般項と一致します。そこで,

$$b_k = 2k - 1 = k^2 - (k-1)^2$$

と変形できることを利用して,

$$S_n = \sum_{k=1}^{n} b_k = \sum_{k=1}^{n} \{k^2 - (k-1)^2\}$$

となります。$k^2 - (k-1)^2$ の和

$$S_n = (1^2 - 0^2) + (2^2 - 1^2) + (3^2 - 2^2) + \cdots + \{n^2 - (n-1)^2)\}$$

は,同じ数の足し算と引き算が繰り返されて,途中に現れる数は相殺して消えてしまいます。残るのは最後($k=n$ のとき)の n^2 の和と,最初($k=1$ のとき)の 0 の引き算だけなので,

$$S_n = n^2 - 0 = n^2$$

であることが示されます。

この例のように,数列の和

$$S_n = \sum_{k=1}^{n} a_k$$

を求める場合には,a_k を別の数列 $\{c_n\}$ を用いて,

$$b_k = c_{k+1} - c_k$$

という形($\{c_n\}$ の階差と言います)に変形すれば,

$$S_n = (c_2 - c_1) + (c_3 - c_2) + \cdots + (c_{n+1} - c_n) = c_{n+1} - c_1$$

となり，和の計算が実現できます．

もう1つ例を見ておくと，

$$\sum_{k=1}^{n} \frac{1}{k(k+1)} = \sum_{k=1}^{n} \left(\frac{1}{k} - \frac{1}{k+1} \right) = \frac{1}{1} - \frac{1}{n+1} = \frac{n}{n+1}$$

となります．

数列の和の計算も線形性をもちます．つまり，k によらない定数 α, β に対して，

$$\sum_{k=1}^{n} (\alpha a_k + \beta b_k) = \alpha \left(\sum_{k=1}^{n} a_k \right) + \beta \left(\sum_{k=1}^{n} b_k \right) \tag{5.1}$$

です．

練習 5.1 次の和の公式の成立を確認してみましょう．

(1) $\displaystyle\sum_{k=1}^{n} k = \frac{1}{2}n(n+1)$ (2) $\displaystyle\sum_{k=1}^{n} k^2 = \frac{1}{6}n(n+1)(2n+1)$

5.3. 定積分

関数 $f(x)$ について，$x = a$ から $x = b$ まで x を Δx ずつ変化させて

$$S = \sum_{x=a}^{x=b-\Delta x} f(x) \Delta x$$

なる和を考えます．$\Delta x \to 0$ としたときの，この和の極限値を

$$\int_a^b f(x)\,dx$$

で表します．つまり，

$$\int_a^b f(x)\,dx = \lim_{\Delta x \to 0} \sum_{x=a}^{x=b-\Delta x} f(x) \Delta x$$

です．これを関数 $f(x)$ の $x = a$ から $x = b$ までの (定)積分と言います．このとき，区間 $[a, b]$ を積分区間と言います（なお，必ずしも $a < b$ である必要はありませんが，ここでは $a < b$ とします）．$\int$ はインテグラル（integral）と読みます

が，S が縦長に伸びたもの（正確には，ラテン語の S の古い形）です。

例えば，
$$I = \int_0^1 x\,dx$$
を求めてみます。区間 $[0, 1]$ を N 等分して，その 1 つの区間の幅を Δx とします。
$$x = \frac{n-1}{N}$$
とおけば，$x = 0$ から $x = 1 - \Delta x$ までの和は $n = 1$ から $n = N$ までの和に対応します。また，$\Delta x \to 0$ は $N \to \infty$ を意味します。

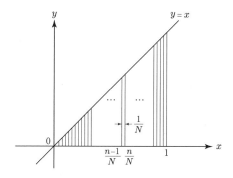

∞ は無限大を表し，$N \to \infty$ とは N を限りなく大きくすることを意味します。無限大は無限小と同様に，具体的な数ではなく概念です。$N \to \infty$ のとき，正定数 p に対して
$$\frac{1}{N^p} \to 0$$
となります。したがって，
$$I = \lim_{N \to \infty} \sum_{n=1}^{N} \frac{n-1}{N} \cdot \frac{1}{N} = \lim_{N \to \infty} \frac{N(N-1)}{2N^2} = \lim_{N \to \infty} \left(\frac{1}{2} - \frac{1}{2N} \right) = \frac{1}{2}$$
となります。ここで，
$$\sum_{n=1}^{N} \frac{n-1}{N} \cdot \frac{1}{N} = \frac{1}{N^2} \sum_{n=1}^{N} (n-1), \qquad \sum_{n=1}^{N} (n-1) = \frac{1}{2} N(N-1)$$
であることを用いました。

通常は，この例のように和の計算を実行して極限を評価するのは困難です。次

節で別の方法を紹介します。

関数 $f(x)$ の定積分の値は，この関数のグラフの面積と対応します。

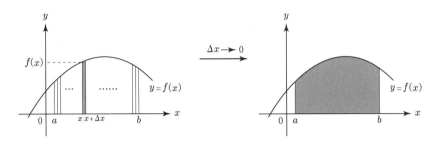

$$\lim_{\Delta x \to 0} \sum_{x=a}^{x=b-\Delta x} f(x)\Delta x$$

は，関数のグラフ $y = f(x)$ と x 軸と，2直線 $x = a$, $x = b$ が囲む部分を x 軸と垂直な直線で幅 Δx の区間に分割して，各区間を長方形で囲んだときの長方形の面積の和の $\Delta x \to 0$ における極限値を表します。幅 Δx が小さくても有限の場合は，長方形の面積と曲線 $y = f(x)$ を境界とする部分の面積には差がありますが，$\Delta x \to 0$ の極限では，その誤差の和も 0 と扱えます。

5.4. 微積分の基本定理

関数 $f(x)$ に対して

$$F'(x) = f(x) \tag{5.2}$$

となる関数 $F(x)$（このような関数を $f(x)$ の原始関数と言います）を見つけることができると，

$$\int_a^b f(x)\,\mathrm{d}x = F(b) - F(a)$$

となります。$F(x)$ を見つけたときの覚書として，右辺を

$$\left[F(x)\right]_a^b$$

と表すこともあります。

(5.2) は，

$$f(x) = \lim_{\Delta x \to 0} \frac{F(x+\Delta x) - F(x)}{\Delta x}$$

であることを意味します．

$$\int_a^b f(x)\,\mathrm{d}x = \lim_{\Delta x \to 0} \sum_{x=a}^{x=b-\Delta x} f(x)\Delta x$$

において，右辺の和は $\Delta x \to 0$ の下でとられているので，$f(x)$ を $\dfrac{F(x+\Delta x) - F(x)}{\Delta x}$ に読み換えることが許されます．したがって，

$$\int_a^b f(x)\,\mathrm{d}x = \lim_{\Delta x \to 0} \sum_{x=a}^{x=b-\Delta x} \{F(x+\Delta x) - F(x)\}$$

となります．右辺の和は $F(x)$ の階差の和になっているので，最後と最初の差になり，

$$F'(x) = f(x) \text{ のとき}, \quad \int_a^b f(x)\,\mathrm{d}x = F(b) - F(a) \tag{5.3}$$

を得ることができます．(5.3) は，本来はまったく別の操作である微分と積分の関係を示す重要な定理です．**微積分の基本定理**と呼びます．

$y = F(x)$ に対して

$$\frac{\mathrm{d}y}{\mathrm{d}x} = F'(x) = f(x) \qquad \therefore \quad \mathrm{d}y = f(x)\,\mathrm{d}x$$

となります．つまり，$f(x)\,\mathrm{d}x$ は $y = F(x)$ の微小な変化を表します．(5.3) は，微小な変化の積み重ねが有限の区間における変化になるという当然のことを示しているのです．

5.5. 多項式の積分

和についての線形性（式 (5.1)）の反映として，積分にも線形性があります．つまり，定数 α, β に対して，

$$\int_a^b \{\alpha f(x) + \beta g(x)\}\,\mathrm{d}x = \alpha \int_a^b f(x)\,\mathrm{d}x + \beta \int_a^b g(x)\,\mathrm{d}x \tag{5.4}$$

となります．

ところで，

$$(x^n)' = nx^{n-1} \qquad (n = 1, 2, 3, \cdots)$$

だったので，自然数 n を1つずらすことにより

$$\left(x^{n+1}\right)' = (n+1)x^n \qquad \therefore \quad \left(\frac{1}{n+1}x^{n+1}\right)' = x^n$$

であることが分かります。これは，$\dfrac{1}{n+1}x^{n+1}$ が x^n の原始関数であることを示すので，任意の a, b に対して

$$\int_a^b x^n \, \mathrm{d}x = \left[\frac{1}{n+1}x^{n+1}\right]_a^b \tag{5.5}$$

となります。

(5.4) と (5.5) を組み合わせれば，多項式の積分を実行することができます。例えば，

$$\int_0^3 (4x^3 - 3x^2 + 2x - 1) \, \mathrm{d}x = \left[x^4 - x^3 + x^2 - x\right]_0^3 = 60$$

となります。

練習 5.2 次の積分値を求めてみましょう。

(1) $\displaystyle\int_0^2 (2-x) \, \mathrm{d}x$ 　　(2) $\displaystyle\int_{-1}^1 (x^2 + x + 1) \, \mathrm{d}x$

(3) $\displaystyle\int_0^2 (x-2)^2 \, \mathrm{d}x$ 　　(4) $\displaystyle\int_1^3 (3-x)(x-1) \, \mathrm{d}x$

第6章 微積分の手法

6.1. 積の微分

2つの関数の和の導関数は,それぞれの導関数の和と一致しました。
$$(f(x) + g(x))' = f'(x) + g'(x)$$
2つの関数の積の導関数について調べます。関数
$$h(x) = f(x)g(x)$$
の導関数は,導関数の定義より,
$$h'(x) = \lim_{\Delta x \to 0} \frac{h(x + \Delta x) - h(x)}{\Delta x}$$
$$= \lim_{\Delta x \to 0} \frac{f(x + \Delta x)g(x + \Delta x) - f(x)g(x)}{\Delta x}$$
で与えられます。ここで,
$$f(x + \Delta x)g(x + \Delta x) - f(x)g(x)$$
$$= \{f(x + \Delta x) - f(x)\} g(x + \Delta x) + f(x) \{g(x + \Delta x) - g(x)\}$$
なので,
$$h'(x) = \lim_{\Delta x \to 0} \left\{ \frac{f(x + \Delta x) - f(x)}{\Delta x} \cdot g(x + \Delta x) + f(x) \cdot \frac{g(x + \Delta x) - g(x)}{\Delta x} \right\}$$
となります。そして,
$$\lim_{\Delta x \to 0} \frac{f(x + \Delta x) - f(x)}{\Delta x} = f'(x), \quad \lim_{\Delta x \to 0} \frac{g(x + \Delta x) - g(x)}{\Delta x} = g'(x),$$
$$\lim_{\Delta x \to 0} g(x + \Delta x) = g(x)$$

なので，結局，
$$h'(x) = f'(x)g(x) + f(x)g'(x)$$
すなわち，
$$(f(x)g(x))' = f'(x)g(x) + f(x)g'(x)$$
となります。

関数の積の場合は，1つの因子のみを微分した積の和になります。

3つの以上の関数の積についても同様です。例えば，
$$(f(x)g(x)h(x))' = f'(x)g(x)h(x) + f(x)g'(x)h(x) + f(x)g(x)h'(x)$$
です。

6.2. 合成関数の微分

$f(x)$ と $g(x)$ の合成関数として定義された関数
$$y = f(g(x))$$
の導関数を求めます。

$z = g(x)$ とおけば，
$$y = f(z), \qquad z = g(x) \tag{6.1}$$
となります。変数が複数現れるため微分を $'$ で示すと不明確になるので，d を使って表示します。求めたいのは，
$$\frac{\mathrm{d}y}{\mathrm{d}x}$$
です。

(6.1) のように見た場合，y は z を介して x の関数になっているので，その変化も

$$x \text{ の変化} \;\to\; z \text{ の変化} \;\to\; y \text{ の変化}$$

と対応させて理解すべきです。x の変化 Δx に対する z の変化を Δz，さらに，その z の変化 Δz に対する y の変化を Δy とします。これらの3つの変数の変化の間には，
$$\frac{\Delta y}{\Delta x} = \frac{\Delta y}{\Delta z} \cdot \frac{\Delta z}{\Delta x} \tag{6.2}$$

の関係が成り立つので,
$$\frac{dy}{dx} = \lim_{\Delta x \to 0} \frac{\Delta y}{\Delta x} = \lim_{\Delta x \to 0} \frac{\Delta y}{\Delta z} \cdot \frac{\Delta z}{\Delta x}$$
となります.
$$\lim_{\Delta x \to 0} \frac{\Delta z}{\Delta x} = \frac{dz}{dx} = g'(x)$$
ですが, $\Delta x \to 0$ のとき $\Delta z \to 0$ なので,
$$\lim_{\Delta x \to 0} \frac{\Delta y}{\Delta z} = \lim_{\Delta z \to 0} \frac{\Delta y}{\Delta z} = \frac{dy}{dz} = f'(z)$$
となります.したがって,
$$\frac{dy}{dx} = f'(z) \cdot g'(x) = f'(g(x)) \cdot g'(x) \tag{6.3}$$
となります.これは,
$$\frac{dy}{dx} = \frac{dy}{dz} \cdot \frac{dz}{dx} \tag{6.4}$$
と表すこともできます.

(6.4) は,導関数の表示を普通の分数のように扱えることを表しています.極限をとる前の関係式 (6.2) がそのまま反映されているので当然の関係式です.(6.3) は,かなり煩雑な式ですが,無理に暗記する必要はありません.

積の微分の応用として,
$$\left(\frac{f(x)}{g(x)}\right)' = \frac{f'(x)g(x) - f(x)g'(x)}{\{g(x)\}^2} \quad \text{(商の微分)}$$
を導いてみます(これも,導関数の定義に基づいて導くこともできます).

まず,準備として,合成関数の微分の応用として,
$$\left(\frac{1}{g(x)}\right)' = -\frac{g'(x)}{\{g(x)\}^2}$$
であることを示します.関数
$$y = \frac{1}{g(x)}$$
は,
$$y = h(z) = \frac{1}{z}, \quad z = g(x)$$
の合成関数と見ることができます.

$$h'(z) = (z^{-1})' = (-1)z^{-2} = -\frac{1}{z^2} = -\frac{1}{\{g(x)\}^2}$$

なので,

$$\frac{dy}{dx} = \frac{dy}{dz} \cdot \frac{dz}{dx} = h'(z) \cdot g'(x) = -\frac{g'(x)}{\{g(x)\}^2}$$

となります。

したがって,

$$\frac{f(x)}{g(x)} = f(x) \cdot \frac{1}{g(x)}$$

と商を積に読み換えれば,

$$\left(\frac{f(x)}{g(x)}\right)' = f'(x) \cdot \frac{1}{g(x)} + f(x) \cdot \left(\frac{1}{g(x)}\right)'$$
$$= f'(x) \cdot \frac{1}{g(x)} + f(x) \cdot \left(-\frac{g'(x)}{\{g(x)\}^2}\right)$$

なので, 結局,

$$\left(\frac{f(x)}{g(x)}\right)' = \frac{f'(x)g(x) - f(x)g'(x)}{\{g(x)\}^2}$$

となります。

練習 6.1 次の関数の導関数を求めてみましょう。

(1) $f(x) = (x-2)(x+1)^3$ (2) $f(x) = (2x+1)^{10}$

(3) $f(x) = \dfrac{1}{x^2+1}$ (4) $f(x) = \dfrac{x}{(x+2)^2}$

6.3. 陰関数の微分

例えば, 2つの変数 x, y が

$$x^2 + y^2 = 1 \tag{6.5}$$

を満たしながら変化するとき, x, y の変域全体にわたっては, y は x の関数になっていません。(6.5) を満たす (x, y) を xy 平面上に図示すれば次ページの図のようになります。いくつかの例外を除けば, 1つの x に対して2つの y が対応しています。

しかし, 上の曲線上の1点を指定して, その点のまわりの十分に狭い領域内で

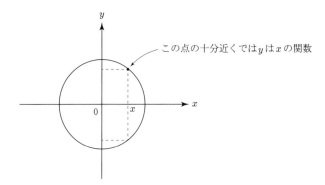

x, y を変化させることを考えると，x の変化に連れて y も一意的に値が決定されていきます。つまり，このような見方をすれば局所的には y は x の関数になっていて，(6.5) は，その対応を表す数式になっています。明示的に $y = f(x)$ という形の関数ではないけれど，暗示的に関数を表しているというような意味で，(6.5) のような形で表された関数を**陰関数**と呼びます。

そのような場合の導関数（微分係数）は次のようにして求めることができます。

(6.5) において y を x の関数 $y(x)$ と見れば，

$$（左辺）= x^2 + \{y(x)\}^2$$

も x の関数です。そこで，x について微分すれば，

$$\frac{\mathrm{d}}{\mathrm{d}x}\left(x^2 + \{y(x)\}^2\right) = 2x + 2y\frac{\mathrm{d}y}{\mathrm{d}x}$$

となります。前節で学んだ微分の手法を使いました。$\{y(x)\}^2$ は $\{\ \}^2$ に $y(x)$ が合成された関数です。

$$\{y(x)\}^2 = y(x) \cdot y(x)$$

と見て，前々節で学んだ手法を使っても同じ結論を得ます。

一方，(6.5) は関数としては定数関数なので，x について微分すれば 0 となります。一般に，

$$f(x) = g(x) \text{ ならば } f'(x) = g'(x)$$

が成り立つので，(6.5) のとき，

$$2x + 2y\frac{\mathrm{d}y}{\mathrm{d}x} = 0$$

となります。$y \neq 0$ であれば，
$$\frac{\mathrm{d}y}{\mathrm{d}x} = -\frac{x}{y}$$
と変形できて，これが陰関数 (6.5) の導関数を与えます。

練習 6.2 xy 平面上の円 $x^2+y^2=25$ 上の点 $(3,4)$ における接線の方程式を求めてみましょう。

6.4. 高次導関数

関数 $y=f(x)$ の導関数
$$g(x) = \frac{\mathrm{d}y}{\mathrm{d}x} = f'(x)$$
も，x の関数です。この関数 $g(x)$ の導関数は $g'(x)$ と表記できますが，いちいち導関数に新しい名前を付けるのは面倒なので，元の関数 $f(x)$ に微分を示す記号 $'$ を 2 つ付けて $f''(x)$ と表します。これは，関数 $f(x)$ に微分の操作を 2 回施した関数であり，$f(x)$ の 2 次導関数と呼びます。あるいは，2 階微分ということもあります（「回」ではなく「階」です）。

2 次導関数を，
$$y'', \quad \frac{\mathrm{d}^2 y}{\mathrm{d}x^2}$$
などで表すこともできます。$\frac{\mathrm{d}^2 y}{\mathrm{d}x^2}$ では 2 の付く位置に注意しましょう。$\frac{\mathrm{d}}{\mathrm{d}x}$ が微分操作を表す記号ですが，2 次導関数は $y=f(x)$ に，この操作が 2 回施されたので，
$$\frac{\mathrm{d}}{\mathrm{d}x}\left(\frac{\mathrm{d}}{\mathrm{d}x}y\right) = \left(\frac{\mathrm{d}}{\mathrm{d}x}\right)^2 y$$
となりますが，これを上のように表記します。

実際に 2 次導関数を求める場合にも，順番に微分を 2 回繰り返すだけです。例えば，
$$y = 2x^2 - 5x + 1 \text{ のとき，} y' = 4x - 5, \quad y'' = (y')' = (4x-5)' = 4$$
となります。

同様にして，

3 次導関数： $y''' = f'''(x)$

4 次導関数： $y'''' = f''''(x)$

などを求めることもできます。n 次導関数 $\dfrac{\mathrm{d}^n y}{\mathrm{d}x^n}$ の場合は，

$$y^{(n)} = f^{(n)}(x)$$

と表記します。

2 次以上の微分では，微分の記号を分数のように扱うことはできなくなります。順番に微分の操作を繰り返すことが必要です。

6.5. 部分積分

原始関数を知れば積分の計算が実行できます。原始関数は，

$$f(x) \text{ に対して，} \quad F'(x) = f(x) \text{ となる関数 } F(x)$$

と定義されるので，微分に関する定理を積分を実行する手法に読み換えることできます。例えば，

$$\left(\frac{1}{n+1}x^{n+1}\right)' = x^n \text{ なので，} \quad \int_a^b x^n \, \mathrm{d}x = \left[\frac{1}{n+1}x^{n+1}\right]_a^b$$

というようにです。

$F'(x) = f(x)$ のとき，

$$(F(x)g(x))' = F'(x)g(x) + F(x)g'(x) = f(x)g(x) + F(x)g'(x)$$

なので，

$$\int_a^b (f(x)g(x) + F(x)g'(x)) \, \mathrm{d}x = \Big[(F(x)g(x)\Big]_a^b$$

$$\therefore \quad \int_a^b f(x)g(x) \, \mathrm{d}x = \Big[(F(x)g(x)\Big]_a^b - \int_a^b F(x)g'(x) \, \mathrm{d}x$$

となります。

2 つの関数の積 $f(x)g(x)$ の形の関数を積分するときに，一方の因子（$f(x)$）の原始関数（積分）を登場させるため，この操作を**部分積分**（ぶぶんせきぶん）と呼びます。具体例は，第 8 章で見ることになります。

6.6. 置換積分

前節では積の微分についての定理を積分の手法に読み換えました。今度は，合成関数の微分についての定理を積分の手法に読み換えます。

$F'(x) = f(x)$ のとき ($f(x)$ の原始関数を知っているとき)，

$$(F(g(x)))' = F'(g(x)) \cdot g'(x) = f(g(x)) \cdot g'(x)$$

なので，

$$\int_a^b f(g(x)) \cdot g'(x)\, dx = \Big[F(g(x))\Big]_a^b \tag{6.6}$$

となります。原始関数を知っている関数に他の関数が合成されている場合に，さらに，その導関数が掛かっていれば積分が実行できるのです。この手法を**置換積分**と呼びます。

(6.6) の手法には 2 通りの使い方があります。1 つは，そのままの形で使う場合です。例えば，

$$\int_a^b x(x^2+1)^{10}\, dx$$

を求める場合に，$(x^2+1)^{10}$ を展開してもよいのですが，かなり面倒です。ちょうど x が掛かっているので，$(x^2+1)' = 2x$ であることを利用して

$$x = \frac{1}{2}(x^2+1)'$$

と読み換えれば，

$$\int_a^b x(x^2+1)^{10}\, dx = \frac{1}{2}\int_a^b (x^2+1)^{10}(x^2+1)'\, dx = \frac{1}{2}\left[\frac{1}{11}(x^2+1)^{11}\right]_a^b$$

として，積分を実行できます。

もう 1 つの方法は，

$$\int_a^b f(x)\, dx$$

において，x を変数 z の関数

$$x = g(z)$$

と見ることにします。このとき，

$$\frac{dx}{dz} = g'(z) \qquad \therefore\ \ dx = g'(z)\, dz$$

なので，
$$\int_a^b f(x)\,\mathrm{d}x = \int_{x=a}^{x=b} f(g(z))\cdot g'(z)\,\mathrm{d}z$$
この変数の置き換え（$x \to z$）は一般に成立します．そして，$f(x)$ の原始関数は知らないけれど，z の関数として $f(g(z))\cdot g'(z)$ の原始関数が発見できれば，この置換により積分が実行できることになります．このパターンの具体例は次章で見ます．

置換積分の手法の本質は，微分を通常の数量のように扱って
$$\mathrm{d}x = \frac{\mathrm{d}x}{\mathrm{d}z}\,\mathrm{d}z$$
と読み換えられることにあります．2 つのパターンでは，この関係を逆向きに使っています．1 つ目のパターンの場合は，
$$\int_a^b f(g(x))\cdot g'(x)\,\mathrm{d}x$$
において，$z = g(x)$ とおけば，
$$\frac{\mathrm{d}z}{\mathrm{d}x} = g'(x) \qquad \therefore\quad g'(x)\,\mathrm{d}x = \mathrm{d}z$$
なので，
$$\int_a^b f(g(x))\cdot g'(x)\,\mathrm{d}x = \int_{z=g(a)}^{z=g(b)} f(z)\,\mathrm{d}z = \Big[F(z)\Big]_{z=g(a)}^{z=g(b)}$$
となります．

練習 6.3 次の積分値を求めてみましょう．

(1) $\displaystyle\int_0^2 (x-2)^3\,\mathrm{d}x$ 　　(2) $\displaystyle\int_0^1 (2x+1)^5\,\mathrm{d}x$ 　　(3) $\displaystyle\int_0^2 x(x-2)^2\,\mathrm{d}x$

第7章 三角関数

7.1. 弧度法

　角度（平面角）は，ある点を中心とした方向の広がりの幅を表します。

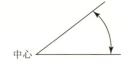

　角度を測る方法として最初に習うのは度数法です。全角（1回転）を360等分した1つを1°としています。分度器で測る角度は度数法の角度です。もう1つの方法として**弧度法**と呼ばれる方法があります。弧度法は，角の中心を中心とする円を描き，その広がりによって円周が切り取られた弧の長さにより測る方法です。

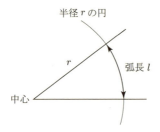

　具体的には，円の半径 r と切り取られた弧の長さ l の比の値

$$\theta = \frac{l}{r}$$

が弧度法による角度です。r と l は比例するので，この θ は広がりの幅により定まる一定の値をとるので，角度として採用できます。弧度法による角度 θ は，円の半径によらないので，$r = 1$ として考えると便利です。このとき，

$$\theta = l$$

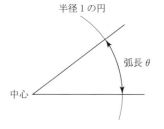

となります。つまり、半径1を描いたときに広がりにより切り取られる弧の長さ θ が、弧度法による角度となります。「長さ」と言っても、単位をもたない(**無次元**と言います)実数値です。ただし、rad（ラジアン）という単位を付ける場合もあります。

弧度法では平面角の全角は 2π となります。$180°$ は π に対応するので、弧度法の 1 は

$$1\text{ rad} = \frac{180°}{\pi} \fallingdotseq 57°$$

です。

xy 平面上に、x 軸の正の向きを基準として、原点 O から見込む方向の角度を弧度法で測る方法を導入します。原点 O を中心とする半径 1 の円（**単位円**と呼びます）を考えます。この円と x 軸の正の部分の交点を A とします。点 O から見る方向にある円周上の点 P に対して $\overset{\frown}{\text{AP}}$ の長さ θ が、その方向の角度になります。イメージとしては、円に点 A を原点として数直線を巻き付けたときの、点 P の位置の目盛が θ となります。

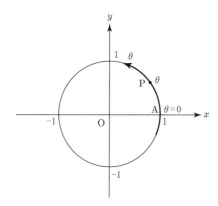

このように考えると、角を負の値や 2π を超える値にも拡張することができます。この拡張された角度を**一般角**と呼びます。符号は基準からの方向を表します。正ならば反時計回りに、負ならば時計回りに測ることになります。大きさが 2π を

超える角は，基準方向から1周を超えて測ったことを表します。例えば，反時計回りに1周半の角は $2\pi + \pi = 3\pi$ となり，時計回りに2周の角は $-2\pi \times 2 = -4\pi$ となります。

7.2. 三角関数の定義

三角比を実数全体を定義域とする関数として拡張したものを**三角関数**と呼びます。

まず，実数 θ に対して，x 軸の正の向きからの角度（一般角）が θ である単位円周上の点の座標を
$$(\cos\theta, \sin\theta)$$
とおくことにより**正弦関数**（sin）と**余弦関数**（cos）を定義します。

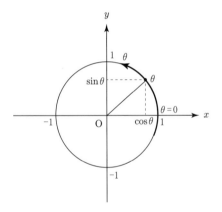

このように定義された $\sin\theta, \cos\theta$ の値は，$0 \leqq \theta \leqq 2\pi$ の範囲において三角比としての $\sin\theta, \cos\theta$ の値と一致します。さらに，$\theta < 0, \theta > 2\pi$ の場合にも $\sin\theta, \cos\theta$ が定義され，三角比の拡張となっています。

次に，$\cos\theta \neq 0$ の場合に，
$$\tan\theta = \frac{\sin\theta}{\cos\theta}$$
とおくことにより $\tan\theta$ を定義します。この式は，三角比では相互関係のひとつでしたが，三角関数では**正接関数**（tan）の定義です。

三角関数 $\sin\theta, \cos\theta, \tan\theta$ を考えるとき，その変数 θ は角度である必要はあり

ません（角度でも構いません）。実数 θ をそれが表す弧度法の角度を連想することにより $\sin\theta, \cos\theta, \tan\theta$ が定義されるのです。

7.3. 三角関数の基本性質

三角関数は，三角比について成立した関係式を満たします。ただし，変数を実数に読み換えて使うことになるので，基本的なものを列挙しておきます。

$$\sin^2\theta + \cos^2\theta = 1, \qquad 1 + \tan^2\theta = \frac{1}{\cos^2\theta}$$

この2つは，三角関数の定義より明らかでしょう。

また，三角関数の対称性や周期性を表す関係式を並べると，

$$\begin{aligned}
&\sin\left(\frac{\pi}{2} - \theta\right) = \cos\theta, \ \cos\left(\frac{\pi}{2} - \theta\right) = \sin\theta, \ \tan\left(\frac{\pi}{2} - \theta\right) = \frac{1}{\tan\theta} \\
&\sin\left(\theta + \frac{\pi}{2}\right) = \cos\theta, \ \cos\left(\theta + \frac{\pi}{2}\right) = -\sin\theta, \ \tan\left(\theta + \frac{\pi}{2}\right) = -\frac{1}{\tan\theta} \\
&\sin(\pi - \theta) = \sin\theta, \quad \cos(\pi - \theta) = -\cos\theta, \quad \tan(\pi - \theta) = -\tan\theta \\
&\sin(\theta + \pi) = -\sin\theta, \ \cos(\theta + \pi) = -\cos\theta, \ \tan(\theta + \pi) = \tan\theta \\
&\sin(\theta + 2\pi) = \sin\theta, \ \cos(\theta + 2\pi) = \cos\theta, \ \tan(\theta + \pi) = \tan\theta
\end{aligned}$$

となります。いずれも定義に遡り単位円を描いてみれば容易に確認できます。あるいは，次節で学ぶ加法定理を用いれば容易に再現することができます。最後の3つは三角関数の周期性を表しています。

一般に，関数 $f(x)$ について，

$$\text{任意の } x \text{ に対して}, \quad f(x+T) = f(x)$$

を満たす正定数 T が存在するときに T を関数 $f(x)$ の周期と呼びます。周期をもつ関数を**周期関数**と言います。

要するに周期とは，変数を変化させるときに同じ変化を繰り返す幅のことです。周期の中で最小の値を特に**基本周期**と呼びますが，基本周期を単に周期と呼ぶことも多くなっています。曜日の繰り返しの周期は 28 日としても正しいのですが，通常は 7 日とすることと同じです。

三角関数は周期関数の代表例です。$\sin\theta, \cos\theta$ は単位円周上の点の座標により

定義されているので，1周（変数の変化 2π）ごとに同じ変化を繰り返します。つまり，$\sin\theta, \cos\theta$ は周期 2π の周期関数になります。

$\tan\theta$ も当然 2π を周期としますが，基本周期は π です。実際，tan の定義と上で確認した関係式を用いれば，

$$\tan(\theta+\pi) = \frac{\sin(\theta+\pi)}{\cos(\theta+\pi)} = \frac{-\sin\theta}{-\cos\theta} = \frac{\sin\theta}{\cos\theta} = \tan\theta$$

であることが確かめられます。

三角関数のグラフを図示すれば，それぞれ以下のようになります。

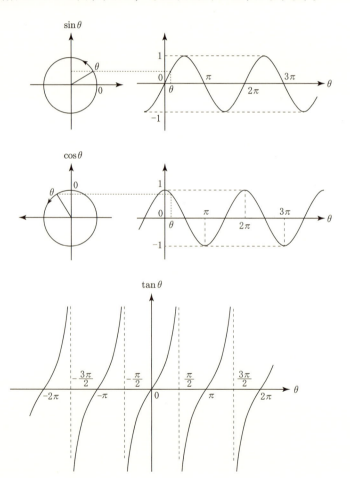

もう1つ三角関数の重要な性質として
$$\sin(-\theta) = -\sin\theta, \quad \cos(-\theta) = \cos\theta, \quad \tan(-\theta) = -\tan\theta \quad (7.1)$$
があります。それぞれ定義に戻れば容易に確認できます。

ところで，関数 $f(x)$ が任意の x に対して
$$f(-x) = f(x)$$
を満たすとき，

$f(x)$ は**偶関数**である

と言います。x の偶数乗が偶関数の代表例となります。一方，任意の x に対して
$$f(-x) = -f(x)$$
を満たすとき，

$f(x)$ は**奇関数**である

と言います。(7.1) は $\sin\theta$ や $\tan\theta$ が奇関数であること，$\cos\theta$ が偶関数であることを示しています。

7.4. 三角関数の加法定理

三角関数に関する重要な定理として，**加法定理**と呼ばれる次の関係式があります。

$$\sin(\alpha+\beta) = \sin\alpha\cos\beta + \cos\alpha\sin\beta, \quad \sin(\alpha-\beta) = \sin\alpha\cos\beta - \cos\alpha\sin\beta$$
$$\cos(\alpha+\beta) = \cos\alpha\cos\beta - \sin\alpha\sin\beta, \quad \cos(\alpha-\beta) = \cos\alpha\cos\beta + \sin\alpha\sin\beta$$
$$\tan(\alpha+\beta) = \frac{\tan\alpha + \tan\beta}{1 - \tan\alpha\tan\beta}, \quad \tan(\alpha-\beta) = \frac{\tan\alpha - \tan\beta}{1 + \tan\alpha\tan\beta}$$

三角関数についてのさまざまな定理（公式）を加法定理から派生して得ることができます。加法定理そのものを，その場で導くのはやや手間が掛かるので，この3組は頭に入れておいた方がよいでしょう。

$$\cos(\alpha-\beta) = \cos\alpha\cos\beta + \sin\alpha\sin\beta$$

を証明すれば，cos の偶関数性および sin の奇関数性から，

$$\alpha + \beta = \alpha - (-\beta)$$

と読み換えることにより，

$$\cos(\alpha + \beta) = \cos\alpha\cos\beta - \sin\alpha\sin\beta$$

が導かれ，さらに，

$$\sin\theta = \cos\left(\frac{\pi}{2} - \theta\right), \qquad \cos\theta = \sin\left(\frac{\pi}{2} - \theta\right)$$

を利用して，

$$\sin(\alpha + \beta) = \sin\alpha\cos\beta + \cos\alpha\sin\beta, \quad \sin(\alpha - \beta) = \sin\alpha\cos\beta - \cos\alpha\sin\beta$$

を導くことができます．(***5**)

さて，単位円周上の 2 点

$$\mathrm{A}\,(\cos\alpha,\,\sin\alpha), \qquad \mathrm{B}\,(\cos\beta,\,\sin\beta)$$

を考えます．

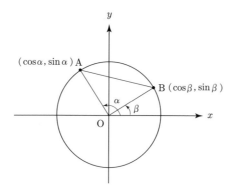

このとき，

$$\mathrm{AB}^2 = (\cos\alpha - \cos\beta)^2 + (\sin\alpha - \sin\beta)^2 = 2 - 2(\cos\alpha\cos\beta + \sin\alpha\sin\beta)$$

となります．一方，△OAB についての余弦定理より，

$$\mathrm{AB}^2 = 1^2 + 1^2 - 2\cdot 1\cdot 1\cdot\cos(\alpha - \beta) = 2 - 2\cos(\alpha - \beta)$$

となります．この 2 式を比較することにより，

$$\cos(\alpha - \beta) = \cos\alpha\cos\beta + \sin\alpha\sin\beta$$

が示されます。

　tan については，その定義に戻れば sin と cos の加法定理を前提として容易に証明できます。例えば，
$$\tan(\alpha + \beta) = \frac{\sin(\alpha + \beta)}{\cos(\alpha + \beta)} = \frac{\sin\alpha\cos\beta + \cos\alpha\sin\beta}{\cos\alpha\cos\beta - \sin\alpha\sin\beta}$$
なので，最後の項の分子・分母を $\cos\alpha\cos\beta$ で除することにより，
$$\tan(\alpha + \beta) = \frac{\tan\alpha + \tan\beta}{1 - \tan\alpha\tan\beta}$$
を得ることができます。
$$\tan(\alpha - \beta) = \frac{\tan\alpha - \tan\beta}{1 + \tan\alpha\tan\beta}$$
についても同様です（これも各自で確認しましょう）。

　加法定理から派生する関係式のうち，基本的なものを列挙しておきます。

$$\sin 2\theta = 2\sin\theta\cos\theta$$
$$\cos 2\theta = \cos^2\theta - \sin^2\theta = 2\cos^2\theta - 1 = 1 - 2\sin^2\theta$$
$$\sin^2\theta = \frac{1 - \cos 2\theta}{2}, \quad \cos^2\theta = \frac{1 + \cos 2\theta}{2}$$
$$\sin\alpha\sin\beta = \frac{1}{2}\{\cos(\alpha - \beta) - \cos(\alpha + \beta)\}$$
$$\cos\alpha\cos\beta = \frac{1}{2}\{\cos(\alpha + \beta) + \cos(\alpha - \beta)\}$$
$$\sin\alpha\cos\beta = \frac{1}{2}\{\sin(\alpha + \beta) + \sin(\alpha - \beta)\}$$
$$\cos\alpha\sin\beta = \frac{1}{2}\{\sin(\alpha + \beta) - \sin(\alpha - \beta)\}$$
$$\sin A + \sin B = 2\sin\frac{A + B}{2}\cos\frac{A - B}{2}$$
$$\cos A + \cos B = 2\cos\frac{A + B}{2}\cos\frac{A - B}{2}$$

それぞれ，加法定理から導かれることを確認しておきましょう。(***6**)

7.5. 三角関数の合成

加法定理の応用として, sin と cos の和の形をまとめて 1 つの sin または cos で表すことができます。

$$a\sin\theta + b\cos\theta \tag{7.2}$$

を考えます。sin と cos の変数が揃っていることが重要です。

結論を先に示すと, A, δ を

$$A = \sqrt{a^2 + b^2}, \quad \begin{cases} \cos\delta = \dfrac{a}{A} \\ \sin\delta = \dfrac{b}{A} \end{cases}$$

として,

$$a\sin\theta + b\cos\theta = A\sin(\theta + \delta)$$

と 1 つの三角関数にまとめることができます。これは, 暗記する必要はなく, 次のように考えれば加法定理から当然に導かれます。(7.2) の形を見たら, 座標平面上に点 (a, b) をとります。

図のように A, δ を定義すれば, 三角関数の定義より

$$\begin{cases} a = A\cos\delta \\ b = A\sin\delta \end{cases}$$

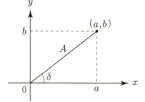

なので,

$$a\sin\theta + b\cos\theta = A(\cos\delta\sin\theta + \sin\delta\cos\theta) = A\sin(\theta + \delta)$$

と, 自然と整理できます。

7.6. 三角関数に関する極限

正弦関数について,

$$\lim_{\theta \to 0} \frac{\sin\theta}{\theta} = 1 \tag{7.3}$$

が成り立ちます。これは三角関数に関する極限を調べるときに基礎となる重要な性質です。

(7.3) 自体は，正弦関数の定義からほぼ自明です．

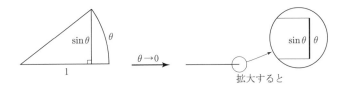

$\theta > 0$ の場合は，上図のような半径 1 の扇形を考えると，弧の長さ θ に対して，一方の弧の端点から反対側の半径に下ろした垂線の長さが $\sin\theta$ となります．$\theta \to 0$ の世界では，弧と垂線が重なるので

$$\sin\theta = \theta \quad \therefore\ \frac{\sin\theta}{\theta} = 1$$

となります．$\theta < 0$ の場合は，$-\theta$ を弧の長さとすれば垂線の長さが $-\sin\theta$ となるので，同様の議論により，$\theta \to 0$ の世界では，弧と垂線が重なるので

$$-\sin\theta = -\theta \quad \therefore\ \frac{\sin\theta}{\theta} = 1$$

となります．

7.7. 三角関数の微分

三角関数の導関数を導きます．まず，結論を述べておくと，

$$\frac{\mathrm{d}}{\mathrm{d}x}(\sin x) = \cos x,\quad \frac{\mathrm{d}}{\mathrm{d}x}(\cos x) = -\sin x,\quad \frac{\mathrm{d}}{\mathrm{d}x}(\tan x) = \frac{1}{\cos^2 x} \quad (7.4)$$

となります．

さて，導関数の定義より，

$$\frac{\mathrm{d}}{\mathrm{d}x}(\sin x) = \lim_{\Delta x \to 0}\frac{\sin(x + \Delta x) - \sin x}{\Delta x}$$

です．ここで，

$$\sin(x + \Delta x) = \sin\left(\left(x + \frac{\Delta x}{2}\right) + \frac{\Delta x}{2}\right)$$
$$\sin x = \sin\left(\left(x + \frac{\Delta x}{2}\right) - \frac{\Delta x}{2}\right)$$

と読み換えて，加法定理を利用すれば，

$$\sin(x + \Delta x) - \sin x = 2\cos\left(x + \frac{\Delta x}{2}\right) \cdot \sin\left(\frac{\Delta x}{2}\right)$$

です。ここで,

$$\theta = \frac{\Delta x}{2}$$

とおくと, $\Delta x \to 0$ のとき $\theta \to 0$ なので,

$$\lim_{\Delta x \to 0} \frac{\sin(x + \Delta x) - \sin x}{\Delta x} = \lim_{\theta \to 0} \cos(x + \theta) \cdot \frac{\sin \theta}{\theta} = \cos x \cdot 1 = \cos x$$

となります。つまり,

$$\frac{\mathrm{d}}{\mathrm{d}x}(\sin x) = \cos x$$

です。$\cos x$ の導関数も同様に定義に基づいて導くことができます。あるいは,

$$\cos x = \sin\left(\frac{\pi}{2} - x\right), \qquad \sin x = \cos\left(\frac{\pi}{2} - x\right)$$

であることを用いれば, $z = \frac{\pi}{2} - x$ として,

$$\frac{\mathrm{d}}{\mathrm{d}x}(\cos x) = \frac{\mathrm{d}z}{\mathrm{d}x} \cdot \frac{\mathrm{d}}{\mathrm{d}z}(\sin z) = (-1) \cdot \cos z = -\sin x$$

となるので,

$$\frac{\mathrm{d}}{\mathrm{d}x}(\cos x) = -\sin x$$

です。

$\tan x$ の導関数は, いままでに学んだ手法を組み合わせて求めることができます。

$$\tan x = \frac{\sin x}{\cos x}$$

なので,

$$\frac{\mathrm{d}}{\mathrm{d}x}(\tan x) = \frac{\mathrm{d}}{\mathrm{d}x}\left(\frac{\sin x}{\cos x}\right) = \frac{(\sin x)' \cos x - \sin x (\cos x)'}{\cos^2 x}$$

ここで,

$$(\sin x)' \cos x - \sin x (\cos x)' = \cos^2 x + \sin^2 x = 1$$

なので,

$$\frac{\mathrm{d}}{\mathrm{d}x}(\tan x) = \frac{1}{\cos^2 x}$$

7.8. 三角関数の積分

(7.4) は，$\sin x$ が $\cos x$ の原始関数であること，$-\cos x$ が $\sin x$ の原始関数であることを示しています．したがって，例えば，

$$\int_0^\pi \sin x \, dx = \Big[-\cos x\Big]_0^\pi = -\cos \pi - (-\cos 0) = -(-1) - (-1) = 2$$

であることが分かり，また，

$$\int_0^{\frac{\pi}{2}} \cos x \, dx = \Big[\sin x\Big]_0^{\frac{\pi}{2}} = \sin \frac{\pi}{2} - \sin 0 = 1 - 0 = 1$$

であることが分かります．

また，置換積分の手法を用いれば，次のような積分が実行できます．

$$\int_0^1 \sqrt{1-x^2} \, dx$$

において，

$$x = \cos \theta \qquad (0 \leqq \theta \leqq \pi)$$

と置き換えます．このとき，

$$\sqrt{1-x^2} = \sqrt{1-\cos^2 \theta} = \sqrt{\sin^2 \theta} = \sin \theta$$
$$\frac{dx}{d\theta} = -\sin \theta \qquad \therefore \ dx = -\sin \theta \, d\theta$$

であり，積分区間は

$$x = 0 \to x = 1 \text{ のとき,} \quad \theta = \frac{\pi}{2} \to \theta = 0$$

と対応するので，

$$\int_0^1 \sqrt{1-x^2} \, dx = \int_{\frac{\pi}{2}}^0 \sin \theta \cdot (-\sin \theta) \, d\theta = \int_0^{\frac{\pi}{2}} \frac{1}{2}(1 - \cos 2\theta) \, d\theta = \frac{\pi}{4}$$

となります．ここで，

$$\int_0^{\frac{\pi}{2}} \frac{1}{2} \, d\theta = \frac{\pi}{4}, \qquad \int_0^{\frac{\pi}{2}} \cos 2\theta \, d\theta = \Big[\frac{1}{2} \sin 2\theta\Big]_0^{\frac{\pi}{2}} = 0$$

なので，

$$\int_0^1 \sqrt{1-x^2} \, dx = \frac{\pi}{4}$$

です。

　この積分値は，積分値と関数のグラフを境界とする部分の面積の関係に注目すると，半径 1 の四分円の面積に等しいことが分かるので，そのような考え方から結論を導くことも可能です。

　三角関数への置換を用いて次のような計算も実行できます。
$$\int_0^1 \frac{1}{1+x^2}\,dx$$
を考えます。ここで，
$$x = \tan\theta$$
とおくと，
$$\frac{1}{1+x^2} = \frac{1}{1+\tan^2\theta} = \cos^2\theta$$
$$\frac{dx}{d\theta} = \frac{1}{\cos^2\theta} \quad \therefore\ dx = \frac{1}{\cos^2\theta}\,d\theta$$
であり，積分区間は
$$x=0 \to x=1 \text{ のとき}, \quad \theta=0 \to \theta=\frac{\pi}{4}$$
と対応するので，
$$\int_0^1 \frac{1}{1+x^2}\,dx = \int_0^{\frac{\pi}{4}} \cos^2\theta \cdot \frac{1}{\cos^2\theta}\,d\theta = \int_0^{\frac{\pi}{4}} d\theta = \frac{\pi}{4}$$
となります。

練習 7.1 次の積分値を求めてみましょう。

(1) $\displaystyle\int_0^{2\pi} \sin x\,dx$　　(2) $\displaystyle\int_0^{2\pi} \cos^2 x\,dx$　　(3) $\displaystyle\int_0^{\frac{\pi}{2}} \sin x \cos x\,dx$

(4) $\displaystyle\int_0^{\frac{\pi}{2}} \sin x \sin 3x\,dx$　　(5) $\displaystyle\int_0^{\frac{\pi}{2}} \sin x \cos 3x\,dx$

第8章　指数関数・対数関数

8.1. 指数

複数の同一の数の積を表すには指数表示を用います。例えば，
$$5 \times 5 \times 5 \times 5 = 5^4$$
です。5^4 の5を**底**，4を**指数**と言います。一般に，自然数 n に対して
$$a^n$$
は，n 個の a の積を表します。以下，底 a は $a \neq 0$ とします。

指数の計算には，
$$a^m \times a^n = a^{m+n}, \quad \frac{a^n}{a^m} = a^{n-m}, \quad (a^m)^n = a^{mn} \tag{8.1}$$
なる基本性質があります。これを**指数法則**と呼びます。a^n の定義に戻って考えれば容易に理解できるでしょう。
$$a^0 = 1, \quad a^{-1} = \frac{1}{a}$$
と定義して，指数が負の場合にも指数法則が有効であるとすれば，指数の演算を負の整数にも拡張することができます。例えば，
$$2^{-10} = (2^{-1})^{10} = \left(\frac{1}{2}\right)^{10} = \frac{1}{1024}$$
$$3^7 \times 3^{-2} = 3^{7-2} = 3^5 = 243$$
となります。指数法則の
$$\frac{a^n}{a^m} = a^{n-m}$$

は $n \leq m$ の場合にも使えるようになります。

さらに，指数の演算を有理数にも使えるように拡張します。その場合には底 a は $a > 0$ の範囲で考えることにします。自然数 n に対して

$$x^n = a$$

を満たす正の x は唯 1 つ存在するので，その値を

$$a^{\frac{1}{n}}$$

で表すことにします。これは a の正の n 乗根と呼び，

$$\sqrt[n]{a}$$

という表し方もあります。

指数が有理数の範囲で指数法則 (8.1) が成り立つと要請すると，有理数 $\frac{m}{n}$ ($n > 0$) に対して $a^{\frac{m}{n}}$ は，

$$a^{\frac{m}{n}} = a^{m \cdot \frac{1}{n}} = (a^m)^{\frac{1}{n}} = \sqrt[n]{a^m}$$

を意味することになります。

8.2. 指数関数

a を正定数として，関数

$$y = a^x$$

を考えます。x が有理数のときは，意味は明確です。実数の範囲では必ずしも意味が明確ではありません。グラフを描くと，x が無理数のところは穴が空いてしまうのですが，この穴を埋めるようにして（グラフが連続的な曲線になるように），実数の範囲に定義域を広げます。この関数を**指数関数**と呼びます。

指数関数は，指数法則を満たします。すなわち，

$$a^{x_1} \times a^{x_2} = a^{x_1 + x_2}, \quad \frac{a^{x_1}}{a^{x_2}} = a^{x_1 - x_2}, \quad (a^{x_1})^{x_2} = a^{x_1 x_2}$$

です。

この関数 $y = a^x$ のグラフは次のようになります。

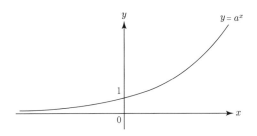

8.3. 対数関数

a の値によらず,指数関数 a^x は単調なので,一般に逆関数が存在します。しかし,

$$y = a^x$$

を x について具体的に解くことはできないので,その結果を

$$x = \log_a y$$

という記法で表すことにします。習慣に従って x と y を入れ換えれば,

$$y = \log_a x \tag{8.2}$$

となります。log は logarithm の短縮形です。この関数を対数関数と呼びます。つまり,対数関数は指数関数の逆関数です(逆に,対数関数の逆関数は指数関数になります)。

(8.2) において,a は指数関数の場合と同様に底と呼びます。変数 x は対数の真数と呼びます。log は関数の名称であり,

$$\log_a(x)$$

と書くこともありますが,紛らわしくなければ ( ) は省略しても構いません。

対数関数のグラフは,前節で描いた指数関数のグラフにおいて x と y を入れ換えればよく,次ページの左図のようになります。習慣に従い,x 軸を横軸,y 軸を縦軸として描き直せば次ページの右図のようになります。

このグラフも示しているように,対数関数の定義域は $x > 0$ となります。したがって,対数の真数として許されるのは正の数のみです。一方,底 a には

$$a > 0 \text{ かつ } a \neq 1$$

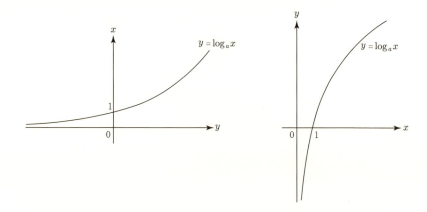

という条件が課せられます。$a = 1$ の場合は a^x に逆関数が存在しないからです。以下では，真数や底はそれぞれ，真数の条件，底の条件を満たすものとします。

指数法則の反映として，対数関数には次の性質があります。

$$\log_a x_1 x_2 = \log_a x_1 + \log_a x_2, \qquad \log_a \frac{x_1}{x_2} = \log_a x_1 - \log_a x_2$$

$$\log_a x^p = p \log_a x$$

いずれも対数の定義に戻れば確認できます。

なお，任意の正の定数 a に対して $a^0 = 1$ であることを反映して，上のグラフにも示されているように

$$\log_a 1 = 0$$

となります。

8.4. 指数関数・対数関数の極限

一般項が

$$a_n = \left(1 + \frac{1}{n}\right)^n$$

で与えられる数列 $\{a_n\}$ を考えます。具体的に書き出せば，

$$2, \ 2.25, \ 2.37, \ \cdots, \ 2.44140625, \ \cdots$$

となります。さらに電卓を使って，n を大きくした場合の数列の振る舞いを調べてみてください。数列は単調に増加していきますが，次第に増加が緩慢になり，電卓の表示桁数の限界に達すると変化しなくなると思います。この数列は $n \to \infty$ としたときに a_n がある一定値に限りなく近づくことが知られています。つまり，極限値（数列の場合は，$n \to \infty$ における極限値を**数列の極限値**と言います）が存在します。

その極限値は**ネイピア数**と呼ばれ，

$$2.718281828459045 \cdots$$

と，循環することなく無限に続く無理数です。さらに根号を使っても表示できません。そこで，円周率 π と同様に特定の記号 e で表すことにします。つまり，

$$e = \lim_{n \to \infty} \left(1 + \frac{1}{n}\right)^n$$

を e の定義と理解することができます。また，$\frac{1}{n} = h$ と読み換えて（本当は論理にギャップがあるのですが）

$$e = \lim_{h \to 0} (1+h)^{\frac{1}{h}} \tag{8.3}$$

により e が与えられると考えることもできます。

自然現象の分析では，この e を底とする指数関数や対数関数が現れます。e を底とする対数を**自然対数**というので，e は**自然対数の底**とも呼ばれます（こちらの呼称の方が流通しています）。通常，自然対数では底を省略して $\log x$ と表記します。大学では ln という表記（自然対数 natural logarithme の省略形）を用いるのが通常です。

(8.3) に基づくと指数や対数の極限に関する重要で基本的な性質を知ることができます。

$$\lim_{h \to 0} \frac{1}{h} \log(1+h) = 1 \tag{8.4}$$

$$\lim_{h \to 0} \frac{e^h - 1}{h} = 1 \tag{8.5}$$

$f(h) = (1+h)^{\frac{1}{h}}$ とおくと，

$$\log f(h) = \log(1+h)^{\frac{1}{h}} = \frac{1}{h} \log(1+h)$$

となります。よって，
$$\lim_{h \to 0} \frac{1}{h} \log(1+h) = \lim_{h \to 0} \log f(h)$$
です。前節で見たように対数関数のグラフは連続的な曲線になっています。このような関数は，関数値の極限値と極限値の関数値が一致するという性質をもっています。したがって，
$$\lim_{h \to 0} \frac{1}{h} \log(1+h) = \log\left(\lim_{h \to 0} f(h)\right)$$
となります。ここで，
$$\lim_{h \to 0} f(h) = \lim_{h \to 0} (1+h)^{\frac{1}{h}} = e$$
ですから，
$$\lim_{h \to 0} \frac{1}{h} \log(1+h) = \log e = 1$$
となり，(8.4) が示されます。

次に，$x = e^h - 1$ とおくと，
$$e^h = 1 + x \qquad \therefore \quad h = \log(1+x)$$
なので，
$$\frac{e^h - 1}{h} = \frac{x}{\log(1+x)} = \frac{1}{\log(1+x)^{\frac{1}{x}}}$$
と変形できます。
$$h \to 0 \text{ のとき,} \quad e^h \to 1 \qquad \therefore \quad x = e^h - 1 \to 0$$
です。そして，
$$\lim_{x \to 0} (1+x)^{\frac{1}{x}} = e$$
なので，
$$\lim_{h \to 0} \frac{e^h - 1}{h} = \lim_{x \to 0} \frac{1}{\log(1+x)^{\frac{1}{x}}} = \frac{1}{\log e} = \frac{1}{1} = 1$$
であり，(8.5) が示されます。

8.5. 指数関数・対数関数の微分

自然対数
$$y = \log x$$
や，自然対数の底を底とする指数関数
$$y = e^x$$
の導関数を求めます。

まず，結論を示しておくと，
$$\frac{\mathrm{d}}{\mathrm{d}x}(\log x) = \frac{1}{x}, \qquad \frac{\mathrm{d}}{\mathrm{d}x}(e^x) = e^x$$
となります。それぞれ導関数の定義に基づいて計算すれば導くことができます。

まず，対数関数の導関数ですが，
$$\frac{\mathrm{d}}{\mathrm{d}x}(\log x) = \lim_{\Delta x \to 0} \frac{\log(x + \Delta x) - \log x}{\Delta x} = \lim_{\Delta x \to 0} \frac{\log\left(1 + \frac{\Delta x}{x}\right)}{\Delta x}$$
なので，$h = \dfrac{\Delta x}{x}$ とおくと，
$$\frac{\mathrm{d}}{\mathrm{d}x}(\log x) = \lim_{h \to 0} \frac{1}{x} \cdot \frac{\log(1+h)}{h} = \frac{1}{x}$$
となります。

また，合成関数の微分の公式を用いれば，定数 a に対して，
$$\frac{\mathrm{d}}{\mathrm{d}x}(\log ax) = \frac{(ax)'}{ax} = \frac{a}{ax} = \frac{1}{x}$$
となります。特に $x < 0$ の場合に，
$$\frac{\mathrm{d}}{\mathrm{d}x}(\log(-x)) = \frac{1}{x}$$
です。

次に，指数関数の導関数は，
$$\frac{\mathrm{d}}{\mathrm{d}x}(e^x) = \lim_{\Delta x \to 0} \frac{e^{x+\Delta x} - e^x}{\Delta x} = \lim_{\Delta x \to 0} e^x \cdot \frac{e^{\Delta x} - 1}{\Delta x} = e^x$$
となります。

対数関数の微分の応用として**対数微分法**と呼ばれる手法があります。

その例として，実定数 p に対して，
$$(x^p)' = px^{p-1} \qquad (x > 0)$$
を導いてみます。$x > 0$ に対して $y = x^p$ のとき，両辺の自然対数をとって，
$$\log y = \log x^p = p \log x$$
両辺を x について微分して比べれば，
$$\frac{y'}{y} = \frac{p}{x} \qquad \therefore\ y' = \frac{p}{x} \cdot y = \frac{p}{x} \cdot x^p = px^{p-1}$$
となります。

8.6. 指数関数の積分

$$\frac{\mathrm{d}}{\mathrm{d}x}(e^x) = e^x$$

なので，e^x は e^x 自身の原始関数になっています。したがって，例えば，

$$\int_0^1 e^x \,\mathrm{d}x = \left[\, e^x \,\right]_0^1 = e^1 - e^0 = e - 1$$

となります。

8.7. 対数関数の積分

$$\frac{\mathrm{d}}{\mathrm{d}x}(\log x) = \frac{1}{x} \qquad (x > 0)$$

なので，例えば，

$$\int_1^2 \frac{1}{x} \,\mathrm{d}x = \left[\, \log x \,\right]_1^2 = \log 2 - \log 1 = \log 2$$

です。また，$x < 0$ の場合は，

$$\frac{\mathrm{d}}{\mathrm{d}x}(\log(-x)) = \frac{1}{x}$$

なので，例えば

$$\int_{-e}^{-1} \frac{1}{x} \,\mathrm{d}x = \left[\, \log(-x) \,\right]_{-e}^{-1} = \log 1 - \log e = -1$$

となります.

一般に，a, b が同符号のとき（同符号でないと積分できません），
$$\int_a^b \frac{1}{x}\,dx = \bigl[\log|x|\bigr]_a^b = \log|b| - \log|a| = \log\frac{b}{a}$$
となります.

これの応用として，
$$\int_a^b \frac{f'(x)}{f(x)}\,dx = \log\frac{f(b)}{f(a)}$$
となります．置換積分の考え方を用いています.

具体例をひとつ示します.
$$\int_0^{\frac{\pi}{4}} \tan x\,dx = \int_0^{\frac{\pi}{4}} \frac{\sin x}{\cos x}\,dx = -\int_0^{\frac{\pi}{4}} \frac{(\cos x)'}{\cos x}\,dx$$
$$= -\Bigl[\log(\cos x)\Bigr]_0^{\frac{\pi}{4}} = \frac{1}{2}\log 2$$
となります.

それでは，$\log x$ の積分はどうなるのでしょう．これは，次のように工夫すれば実行できます．例えば，
$$\int_1^e \log x\,dx$$
を考えます.
$$\log x = 1 \cdot \log x = (x)' \cdot \log x$$
と読み換えて，部分積分の手法を用いれば，
$$\int_1^e \log x\,dx = \Bigl[x\log x\Bigr]_1^e - \int_1^e x(\log x)'\,dx$$
$$= e\log e - 0 - \int_1^e x \cdot \frac{1}{x}\,dx$$
$$= e - (e-1)$$
$$= 1$$
となることが分かります.

練習 8.1 次の積分値を求めてみましょう.

(1) $\displaystyle\int_0^1 \frac{1}{e^x}\,\mathrm{d}x$

(2) $\displaystyle\int_0^1 \frac{x}{1+x^2}\,\mathrm{d}x$

第 9 章　関数の級数展開

9.1. 近似

曲線 $y = f(x)$ 上の点 $(a, f(a))$ における，この曲線の接線の方程式は

$$y - f(a) = f'(a)(x - a) \qquad \therefore \quad y = f(a) + f'(a)(x - a)$$

でした．接線とは，接点 $(a, f(a))$ のまわりの無限小の領域（**近傍**と言います）において，もとの曲線 $y = f(x)$ に貼りついた直線です．

したがって，接線の方程式を与える関数

$$f(x) = f(a) + f'(a)(x - a)$$

は，関数 $f(x)$ を $x = a$ を中心として 1 次関数で近似した関数ということができます．つまり，

$$|x - a| \ll 1 \text{ ならば，} \quad f(x) \approx f(a) + f'(a)(x - a)$$

ということができます．

特に，$a = 0$ の場合を考えれば，

$$|x| \ll 1 \text{ ならば，} \quad f(x) \approx f(0) + f'(0) \cdot x$$

となります．

例えば，$f(x) = e^x$ の場合，

$$f(0) = 1, \quad f'(x) = e^x, \quad f'(0) = 1$$

なので，

$$|x| \ll 1 \text{ ならば}, \quad e^x \approx 1 + x$$

と近似することができます。

三角関数についても同様に計算すれば，

$$|x| \ll 1 \text{ ならば}, \quad \sin x \approx x, \ \cos x \approx 1$$

となります。自分で手を動かして確認してください。$\cos x$ の場合は，1 次の項の係数が 0 になるので定数 1 での近似になっています。したがって，厳密には 1 次関数での近似というよりも，1 次までの近似と言った方がよいでしょう。

物理では具体的な結論に重要な意味があるため，厳密な分析が不可能な場合には，近似を用いて結果を導きます。

9.2. テーラー級数

指数関数や三角関数は近似の精度を任意の次数に高めることができます。理論的な内容は難しくなるので，結論のみを示します。

関数 $f(x)$ を $x = a$ のまわりで x について n 次の精度で近似する関数は，

$$\begin{aligned}&f_n(x)\\ &= f(a) + f'(a) \cdot (x-a) + \frac{f''(a)}{2} \cdot (x-a)^2 + \frac{f'''(a)}{3!} \cdot (x-a)^3 + \cdots + \frac{f^{(n)}(a)}{n!} \cdot (x-a)^n\end{aligned} \quad (9.1)$$

で与えられます。ここで，$n!$（「n の階乗」と読みます）は 1 から n までの自然数の積を表します。

$$n! = 1 \times 2 \times \cdots \times n$$

$1! = 1$, $2! = 2$ なので，1 次の項と 2 次の項では ! を使わずに表示しました。なお，

$$0! = 1$$

と定義します。また，$f^{(n)}(x)$ は $f(x)$ について微分を n 回繰り返して得られる関数（n 次導関数と言います）を表します。

指数関数や三角関数では，任意の x について (9.1) において $n \to \infty$ としたときの極限値が存在し，それを x の関数と見たものがもとの関数 $f(x)$ と同一視できることが知られています。つまり，

$$f(x) = \lim_{N \to \infty} \sum_{n=0}^{N} \frac{f^{(n)}(a)}{n!} \cdot (x-a)^n \tag{9.2}$$

となります。具体的に書き並べると煩雑になるので $\sum$ の記号を使って表しました。$f^{(0)}(x) = f(x)$ です。

　和の形で展開したものを**級　数**と呼びます。特に，和が無限に続くものを**無限級数**と言います。(9.2) は，関数 $f(x)$ を x の多項式の無限級数として展開したことを示しています。この級数を**テーラー級数**と呼びます。また，テーラー級数を得る手続きを**テーラー展開**と言います。

　特に，$a=0$ として $x=0$ のまわりで展開したテーラー級数を**マクローリン級数**と呼びます。

$$f(x) = \lim_{N \to \infty} \sum_{n=0}^{N} \frac{f^{(n)}(0)}{n!} \cdot x^n \tag{9.3}$$

マクローリン級数を求める手続きを**マクローリン展開**と言います。

　e^x, $\sin x$, $\cos x$ のマクローリン級数は，それぞれ

$$e^x = \sum_{n=0}^{\infty} \frac{x^n}{n!} = 1 + x + \frac{x^2}{2} + \frac{x^3}{3!} + \cdots$$

$$\sin x = \sum_{m=0}^{\infty} \frac{(-1)^m}{(2m+1)!} \cdot x^{2m+1} = x - \frac{x^3}{3!} + \frac{x^5}{5!} - \frac{x^7}{7!} + \cdots$$

$$\cos x = \sum_{m=0}^{\infty} \frac{(-1)^m}{(2m)!} \cdot x^{2m} = 1 - \frac{x^2}{2} + \frac{x^4}{4!} - \frac{x^6}{6!} + \cdots$$

となります。**(*7)**

　級数の和が存在する（極限値が存在する）ことを前提に $\lim\limits_{N \to \infty} \sum\limits_{n=0}^{N}$ を $\sum\limits_{n=0}^{\infty}$ と省略して書くことがあります。

　$\sin x$ は奇関数であり，テーラー展開したときに奇数乗の項しか現れません。また，$\cos x$ は偶関数であり，テーラー展開したときに偶数乗の項しか現れません。

9.3. フーリエ級数

　三角関数は周期関数の代表例です。T を周期とする正弦関数，余弦関数を列挙すると，

$$\sin\frac{2\pi}{T}x, \quad \sin\frac{4\pi}{T}x, \quad \cdots, \quad \sin\frac{2n\pi}{T}x, \quad \cdots$$
$$\cos\frac{2\pi}{T}x, \quad \cos\frac{4\pi}{T}x, \quad \cdots, \quad \cos\frac{2n\pi}{T}x, \quad \cdots$$

となります．それぞれ基本周期は，

$$T, \quad \frac{T}{2}, \quad \cdots, \quad \frac{T}{n}, \quad \cdots$$

となっています．正弦関数は周期 T の奇関数，余弦関数は周期 T の偶関数です．

それぞれ $n=0$ の場合は $0, 1$ となります．0 も周期 T の奇関数，1 は周期 T の偶関数です（1 以外も任意の定数関数は偶関数です）．これらも含めると，周期 T の偶関数の代表例として

$$1, \quad \cos\frac{2\pi}{T}x, \quad \cos\frac{4\pi}{T}x, \quad \cdots, \quad \cos\frac{2n\pi}{T}x, \quad \cdots$$

奇関数の代表例として

$$0, \quad \sin\frac{2\pi}{T}x, \quad \sin\frac{4\pi}{T}x, \quad \cdots, \quad \sin\frac{2n\pi}{T}x, \quad \cdots$$

を挙げることができます．

基本周期が T の関数 $f(x)$ は，上に列挙した T を周期とする関数列の級数として展開できることが知られています．

$$f(x) = \frac{1}{2}a_0 + \sum_{n=1}^{\infty} a_n \cos\frac{2n\pi}{T}x + \sum_{n=1}^{\infty} b_n \sin\frac{2n\pi}{T}x \tag{9.4}$$

便宜的に 1 の代わりに $\dfrac{1}{2}$ を採用しました．また，0 の項は消えてしまいます．

(9.4) の級数を**フーリエ級数**と呼びます．展開係数 $\{a_n\}$, $\{b_n\}$ は，次のように決定することができます．

$$\int_0^T \cos\frac{2m\pi}{T}x \cdot \cos\frac{2n\pi}{T}x\,\mathrm{d}x = \begin{cases} \dfrac{T}{2} & (m=n) \\ 0 & (m \ne n) \end{cases}$$

$$\int_0^T \sin\frac{2m\pi}{T}x \cdot \sin\frac{2n\pi}{T}x\,\mathrm{d}x = \begin{cases} \dfrac{T}{2} & (m=n) \\ 0 & (m \ne n) \end{cases}$$

$$\int_0^T \sin\frac{2m\pi}{T}x \cdot \cos\frac{2n\pi}{T}x\,\mathrm{d}x = 0$$

なので (*8)，

$$a_n = \frac{2}{T}\int_0^T f(x)\cos\frac{2n\pi}{T}x\,\mathrm{d}x \quad (n=1,\,2,\,3,\,\cdots)$$

$$b_n = \frac{2}{T}\int_0^T f(x)\sin\frac{2n\pi}{T}x\,\mathrm{d}x \quad (n=1,\,2,\,3,\,\cdots)$$

となります。また，

$$a_0 = \frac{2}{T}\int_0^T f(x)\,\mathrm{d}x$$

です。これは，$n\geqq 1$ の場合の a_n を定める式に $n=0$ の場合として含めることができます。

高校物理では，単振動や正弦波など単一の正弦関数（あるいは余弦関数）で表される振動を扱います。現実の振動は，より複雑な振動ですが，上に説明したような性質があるので，単振動や正弦波について調べることに価値があるのです。

第10章 曲線の方程式

10.1. xy 平面上の曲線

図形は点の集合です。全体集合を平面とするとき、平面図形は、その部分集合になります。

xy 平面 U を集合の記法を用いて表せば、

$$U = \{(x, y) \mid x \text{ は実数}, y \text{ は実数}\}$$

ここでは、x, y は実数の範囲で独立に自由に変化することが許されます。

x, y の変化について制限を課すと、点 (x, y) は平面の一部のみを動くことが許されます。例えば、

$$L = \{(x, y) \mid x \text{ は実数}, y \text{ は実数}, y = x\}$$

は、xy 平面のうち、x 座標と y 座標が等しい点のみから成る集合であり、図示すれば、下図のような直線になります。

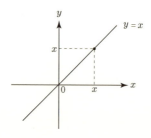

U の部分集合であることを前提とすれば、「x は実数, y は実数」の条件は明示する必要がないので、

$$L = \{(x, y) \mid y = x\}$$

と省略して書けば十分です．さらに，点 (x, y) の集合を考えていることも明らかなので，さらに省略して

$$\text{直線 } L : y = x$$

のように，点の動き方を制限する方程式（や，不等式や，変数の変域）のみで図形を指定することが可能で，通常は，このように表示します．

関数 $f(x)$ のグラフを

$$\text{曲線}: y = f(x)$$

と表現するのも同様の表示法です．

図形は必ずしも関数のグラフの形式で表されるわけではなくて，一般に x と y の方程式は，xy 平面上の1つの図形を表します．例えば，

$$C : x^2 + y^2 = 1$$

を考えると，この方程式は点 (x, y) と原点 O の距離が1であることを示すので，C は原点 O を中心とする半径1の円となります．

10.2. 媒介変数表示

xy 平面上の曲線の方程式は，x と y の直接の方程式で表す以外に，第三の変数を介する形で表現する場合もあります．そのときの第三の変数を**媒介変数**（パラメータ），そのような表示を**媒介変数表示**と言います．

例えば，

$$\begin{cases} x = \cos\theta \\ y = \sin\theta \end{cases} \tag{10.1}$$

は，原点 O を中心とする半径1の円の，θ を媒介変数とする媒介変数表示になります．θ の値ごとに $\sin\theta$, $\cos\theta$ の値が定まるので，上の方程式 (10.1) で結びつけられた点 (x, y) も決定されます．変数 θ の変化に伴って点 (x, y) が動いて，その軌跡が方程式 (10.1) が表す曲線となります．この場合，三角関数の定義より，任意の θ に対して点 (x, y) は，原点 O を中心とする半径1の円周上にあることは明

らかでしょう。そして，θ が全実数を変化する間に点 (x, y) は，その円周上の全体を（何周にもわたり）動くことになります。

媒介変数 θ の変域に制限が加われば，曲線の制限がなかった場合の曲線の一部に制限されます。しかし，

$$\begin{cases} x = \cos\theta \\ y = \sin\theta \end{cases} \quad (0 \leqq \theta < 2\pi)$$

の場合は，点 (x, y) はギリギリ円周全体を動きます。一方，

$$\begin{cases} x = \cos\theta \\ y = \sin\theta \end{cases} \quad (0 \leqq \theta \leqq \pi) \tag{10.2}$$

の場合は，点 (x, y) は円周の半分しか動かず，方程式 (10.2) の表す図形は半円周となります。

一般に，曲線の媒介変数表示の場合，その方程式は

$$\text{媒介変数} \;\to\; \text{点}\,(x, y)$$

という関数と見ることができます。媒介変数の変域がその定義域であり，曲線が値域に該当します。

10.3. 極座標

平面上（あるいは空間内）の点と 1 対 1 に対応する変数の組を**座標**と言います。xy 座標（直交座標）を使うことになれていると思いますが，それが唯一の選択肢ではありません。

極座標と呼ばれる次のような変数の組を使う場合もあります。

平面上に基準点（**極**と呼びます）O と，基準となる方向を指定するための極 O を端点とする半直線 OX（**始線**と呼びます）を定めます。

平面上の点 P に対して，

$$r = \text{OP}, \qquad \theta = \angle\text{POX}$$

とおくと，点 P は 2 つの変数の組 (r, θ) と対応します。この座標を極座標と呼びます。点 P と (r, θ) が 1 対 1 に対応するために θ の変域

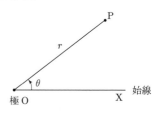

は $0 \leq \theta < 2\pi$ とします（他の定め方もあります）。ただ，極 O については，範囲を制限しても θ の値を一意に決定できません。ここは，取り敢えず気にしないことにしておきましょう。極 O を含まない図形を考える限りは，まったく不都合は生じません。

10.4. 2 次曲線

　x, y の 2 次方程式が，xy 座標平面上の曲線を定義するとき，その曲線を **2 次曲線**と呼びます。

　2 次方程式が必ず曲線を定義するわけではありません。例えば，方程式
$$x^2 + y^2 = 0$$
は原点しか表しません（半径 0 の円と解釈する余地もあるかも知れませんが）。
$$x^2 + y^2 = -1$$
とすると，これは空集合になります。これらのような特別なケースではなく，通常の意味での曲線を表す場合を考えます。

　2 次曲線には
① 楕円（だえん）：平面上での 2 定点からの距離の和が一定である点の集合
② 放物線（ほうぶつせん）：平面上で 1 定点と 1 定直線からの距離が等しい点の集合
③ 双曲線（そうきょくせん）：平面上の 2 定点からの距離の差が一定である点の集合

の 3 種類があります。

楕円

　楕円の定義は，

　　平面上での 2 定点からの距離の和が一定である点の集合

です。この 2 定点を楕円の **焦点**（しょうてん）と呼びます。

　焦点を F_1, F_2 とし，$F_1 F_2 = 2c$ とします。また，2 焦点からの距離の和を $2a$ とします。$a > c$ です。$F_1 F_2$ が x 軸と重なり，その中点が原点となるように座標を設定すると，

$$F_1(-c, 0), \qquad F_2(c, 0)$$

となります。点 P(x, y) が上の定義を満たす条件は,
$$F_1P + F_2P = 2a$$
すなわち,
$$\sqrt{(x+c)^2 + y^2} + \sqrt{(x-c)^2 + y^2} = 2a$$
です。式を整理すると (***9**),
$$\frac{x^2}{a^2} + \frac{y^2}{a^2 - c^2} = 1$$
となります。$b = \sqrt{a^2 - c^2}$ とおけば,
$$\frac{x^2}{a^2} + \frac{y^2}{b^2} = 1 \tag{10.3}$$
となります。図示すると,次のようになります。

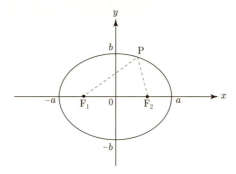

楕円の特徴を少し調べておきます。

楕円には対称軸が2本あります。この場合は楕円が x 軸を切り取る線分と y 軸を切り取る線分であり,それぞれ**長軸**,**短軸**と呼びます。また,a を楕円の**長半径**,b を**短半径**と呼びます。この曲線と x 軸との交点(長軸の両端)$(a, 0)$, $(-a, 0)$ および,y 軸との交点(短軸の両端)$(0, b)$, $(0, -b)$ を楕円の頂点と呼びます。

(10.3) を用いれば,
$$F_1P = \sqrt{(x+c)^2 + b^2 - \frac{b^2}{a^2}x^2} = \sqrt{\left(\frac{c}{a}x + a\right)^2} = \frac{c}{a}x + a$$
となります。$a > c$, $-a \leqq x \leqq a$ なので,$\frac{c}{a}x + a > 0$ です。これより,焦点 F_1 と楕円上の点の距離は x 座標が大きいほど大きくなることが分かります。したがっ

て，長軸の両端において，焦点 F_1 からの距離が最小・最大となります。その値は
$$r_1 = a - c, \qquad r_2 = a + c$$
です。この相加平均は a，相乗平均は b となっています。実際，
$$\frac{r_1 + r_2}{2} = \frac{(a-c)+(a+c)}{2} = \frac{2a}{2} = a$$
$$\sqrt{r_1 r_2} = \sqrt{(a-c)(a+c)} = \sqrt{a^2 - c^2} = \sqrt{b^2} = b$$
となります。

放物線

放物線の定義は，

> 平面上で 1 定点と 1 定直線からの距離が等しい点の集合

です。この定点を放物線の**焦点**，定直線を放物線の **準線** と呼びます。

下図のように，焦点が $(p, 0)$，準線の方程式が $x = -p$ となるように xy 座標を設定します。

このとき，点 $P(x, y)$ が上の定義を満たす条件は，
$$\sqrt{(x-p)^2 + y^2} = |x + p|$$
です。式を整理すれば（***10**），
$$y^2 = 4px$$
となります。これを x について解けば，

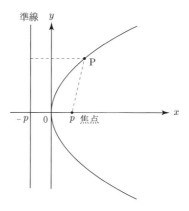

$$x = \frac{1}{4p}y^2$$

となり，x が y の 2 次関数になっていることが分かります．図示すれば，前ページの図のようになります．

双曲線

双曲線の定義は，

　　平面上の 2 定点からの距離の差が一定である点の集合

です．この 2 定点を双曲線の**焦点**と呼びます．

楕円の場合と同様に座標を設定します．距離の差を $2a$ とすれば，$a < c$ です．

このとき，点 $\mathrm{P}(x, y)$ が上の定義を満たす条件は，

$$\left|\sqrt{(x+c)^2 + y^2} - \sqrt{(x-c)^2 + y^2}\right| = 2a$$

です．式を整理すると (***11**)，

$$\frac{x^2}{a^2} - \frac{y^2}{c^2 - a^2} = 1$$

となります．$b = \sqrt{c^2 - a^2}$ とおけば，

$$\frac{x^2}{a^2} - \frac{y^2}{b^2} = 1 \tag{10.4}$$

となります．図示すると，次のようになります．

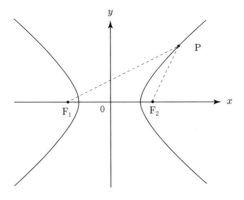

2次曲線の一般形

x, y の2次方程式

$$ax^2 + bxy + cy^2 + (x, y \text{ の1次式}) = 0$$

が曲線を表す場合，その曲線は楕円，放物線，双曲線のいずれかになります。2次の項の係数 a, b, c に応じて分類ができます。結論のみを示せば，

$b^2 - 4ac < 0$ のとき，　　楕円
$b^2 - 4ac = 0$ のとき，　　放物線
$b^2 - 4ac > 0$ のとき，　　双曲線

となります。特に $b = 0$ で方程式が xy の項を含まない場合は，

a, c が同符号のとき，　　　　　　　楕円
a, c のいずれか一方のみが 0 のとき，　放物線
a, c が異符号のとき，　　　　　　　双曲線

となります。

2次曲線の極方程式

3種類の2次曲線を，焦点と準線により統一的に定義することもできます。

定点 F と定直線 L からの距離の比が一定の点 P の集合を考えます。すなわち，P から L へ下ろした垂線の足を H として，

$$\frac{\mathrm{PF}}{\mathrm{PH}} = e \quad (\text{一定}) \tag{10.5}$$

である点 P の集合は，e の値に応じて，

$e < 1$ のとき，　楕円
$e = 1$ のとき，　放物線
$e > 1$ のとき，　双曲線

となります。e を**離心率**と呼びます。$e = 1$ の場合は，上で示した放物線の定義と一致します。

F を極として，L と垂直で L とは交わらない半直線を始線とする極座標を導入します。また，F と L の距離を λ とします。

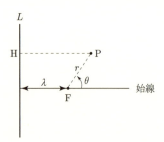

このとき，(10.5) は

$$r = e(\lambda + r\cos\theta) \qquad \therefore \quad r = \frac{e\lambda}{1 - e\cos\theta} \tag{10.6}$$

となります。これは 2 次曲線の**極方程式**（極座標に対する図形の方程式）です。F を原点とする xy 座標を導入して，上に示した xy 座標に対する 2 次方程式の方程式と比べてみましょう。

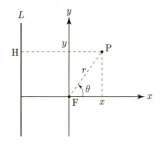

極座標 (r, θ) と xy 座標 (x, y) とは，

$$r = \sqrt{x^2 + y^2}, \qquad r\cos\theta = x$$

の関係を満たすので，(10.5) を x, y に対する方程式に書き換えれば，

$$\sqrt{x^2 + y^2} = e\lambda + ex$$

となります。両辺を 2 乗して式を整理すれば，

$$(1 - e^2)x^2 + y^2 - 2e^2\lambda x = (e\lambda)^2$$

となります。
したがって，$1 - e^2$ の符号，すなわち，e と 1 の大小関係により

$e < 1$ のとき, 　　楕円
$e = 1$ のとき, 　　放物線
$e > 1$ のとき, 　　双曲線

と分類されることが分かります。$e > 1$ のとき，θ の値によっては $r < 0$ となりますが，その場合は極 F に関して角度 θ の向きと反対側に点 P が現れるものと解釈します。

第11章　複素数

11.1. 虚数

任意の実数 x は,
$$x^2 \geqq 0$$
となります。2乗して負になる数は実数の範囲では存在しません。しかし,
$$i^2 = -1 \tag{11.1}$$
となる数 i を導入すれば，任意の負の実数にも平方根が存在するようになります。(11.1) で定義される数 i を**虚数単位**と呼びます。

任意の正の実数 p に対して
$$x^2 = -p \iff x = \pm\sqrt{p}\,i$$
となります。それだけではなく，虚数単位 i を導入することにより，数の世界が大きく広がります。

実数 x, y を用いて
$$z = x + iy$$
の形で表される数を**複素数**と呼びます。$y = 0$ の場合は z は実数となります。$y \neq 0$ である数 z を**虚数**と呼びます。特に, $x = 0$, $y \neq 0$ の場合は**純虚数**と言います。

実数係数の2次方程式
$$ax^2 + bx + c = 0 \tag{11.2}$$
は，その判別式 $D = b^2 - 4ac$ が $D < 0$ の場合は実数の範囲に解が存在しません。

しかし，複素数の範囲であれば，相異なる 2 個の解
$$x = \frac{-b \pm \sqrt{-D}\,i}{2a}$$
をもちます．さらに，係数 a, b, c が複素数の範囲で考えても，方程式 (11.2) は 2 個の解をもちます（重解も 2 個と数えます）．それだけではなく，より一般に，複素係数の n 次方程式は，複素数の範囲で n 個の解をもちます．

複素数 $z = x + iy$ について，x を**実部**，y を**虚部**と言います．複素数 $z = x + iy$ に対して，
$$\overline{z} = x - iy$$
を z の**共役複素数**と呼びます．一般に，
$$z\overline{z} = (x + iy)(x - iy) = x^2 - i^2 y^2 = x^2 + y^2 \geqq 0$$
となります．
$$|z| = \sqrt{z\overline{z}} = \sqrt{x^2 + y^2}$$
を，複素数 z の**絶対値**と呼びます．

数の世界を実数から複素数に広げることにより，物理学における議論も自由度が飛躍的に広がります．その一例は §12.3 で体験します．その前に，もう少し準備を行っておきます．

11.2. 複素数平面

複素数 $z = x + iy$ に対して座標平面上の点 (x, y) を対応させて（1 対 1 に対応します）作った平面を**複素数平面**と呼びます（次ページの図を参照）．**ガウス平面**と呼ぶこともあります．このとき，x 軸を**実軸**，y 軸を**虚軸**と呼びます．

複素数平面上の角度
$$\theta = \angle z\mathrm{O}x$$
を z の**偏角**と呼び，$\arg(z)$ で表します．また，
$$|z| = \sqrt{x^2 + y^2}$$
は，複素数平面上の原点と z の距離を表します．

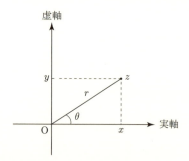

$z = x + iy$ に対して，$r = |z|$, $\theta = \arg(z)$ とおくと，

$$x = r\cos\theta, \qquad y = r\sin\theta$$

なので，

$$z = r(\cos\theta + i\sin\theta)$$

と表すことができます。これを複素数の極表示と呼びます。

複素数は，実数とは異なり，一直線上に重ならないように並べることはできません。平面上には重ならず，かつ，隙間なく並べることができます。極表示で現れた (r, θ) は，複素数平面に極座標を導入したことに対応します。

複素数を極表示しておくと冪乗の計算が簡単に実行できます。

$$z = r(\cos\theta + i\sin\theta) \text{ のとき}, \quad z^n = r^n(\cos n\theta + i\sin n\theta) \tag{11.3}$$

となります。指数関数は底が 1 以外の正の実数の場合に対してしか定義されていませんが，ここで n は自然数であり，積をとる z の個数なので複素数でも問題ありません。また，指数法則も有効です。(11.3) は，三角関数の加法定理を用いて証明できますが，ここでは省略します。$n = 2, 3$ などの場合には具体的な計算により容易に確認できます。試してみてください。 (***12**)

11.3. オイラーの公式

虚数単位の導入により，n 次方程式が常に n 個の解をもつようになりましたが，関数も複素数の範囲に拡張すると数学の自由度が大きく広がります。

指数関数 e^x をマクローリン展開すると，

$$e^x = \sum_{n=0}^{\infty} \frac{x^n}{n!} \tag{11.4}$$

となりました。指数関数 e^x そのものは，実は x が無理数の場合には直接の意味が非常に難しいのですが，(11.4) の右辺であれば，その意味は明確です。

(11.4) を指数関数 e^x の定義として採用すれば，無理数だけではなく，どんな数量に対しても意味が明確です。例えば，定義域を複素数に拡張することができます。複素数 z に対して，

$$e^z = \sum_{n=0}^{\infty} \frac{z^n}{n!}$$

となります。このようにして拡大した指数関数は $\exp(z)$ と表記することがあります。

さて，z が特に純虚数 $z = i\theta$ (θ は実数) の場合を考えると，

$$e^{i\theta} = \sum_{n=0}^{\infty} \frac{(i\theta)^n}{n!} \tag{11.5}$$

となります。和の各項において，n が偶数 $n = 2m$ ($m = 0, 1, 2, \cdots$) の場合には，

$$(i\theta)^n = (i\theta)^{2m} = (i^2)^m \theta^{2m} = (-1)^m \theta^{2m}$$

となり，一方，奇数 $n = 2m+1$ ($m = 0, 1, 2, \cdots$) の場合は，

$$(i\theta)^n = (i\theta)^{2m+1} = i(i^2)^m \theta^{2m+1} = i(-1)^m \theta^{2m+1}$$

となります。そこで，(11.5) の和を n が偶数の場合と奇数の場合とで振り分ければ（無限個の和については，一般的にはこのような和の順序の入れ替えはできませんが，この場合は可能です），

$$e^{i\theta} = \sum_{m=0}^{\infty} \frac{(-1)^m \theta^{2m}}{(2m)!} + i \sum_{m=0}^{\infty} \frac{(-1)^m \theta^{2m+1}}{(2m+1)!}$$

となります。ここで，$\sin\theta, \cos\theta$ のマクローリン級数が，

$$\sin\theta = \sum_{m=0}^{\infty} \frac{(-1)^m \theta^{2m+1}}{(2m+1)!}, \quad \cos\theta = \sum_{m=0}^{\infty} \frac{(-1)^m \theta^{2m}}{(2m)!}$$

であったことを思い出せば，

$$e^{i\theta} = \cos\theta + i\sin\theta$$

となることが分かります。この関係式を**オイラーの公式**と呼びます。複素数の世

界では，指数関数と三角関数が繋がっていたのです。

(11.3) において $r = 1$ の場合を考えると，

$$(\cos\theta + i\sin\theta)^n = \cos n\theta + i\sin n\theta$$

となります。θ の関数

$$\mathrm{cis}(\theta) = \cos\theta + i\sin\theta$$

を導入すると，

$$\{\mathrm{cis}(\theta)\}^n = \mathrm{cis}(n\theta)$$

となり，この関数 $\mathrm{cis}(\theta)$ が指数法則を満たすことを示しています。つまり，(11.3) は関数 $\mathrm{cis}(\theta)$ の指数関数性を示唆していました。

第12章　微分方程式

12.1. 微分方程式

　未知の関数について，その導関数や2次導関数などについての条件式として与えられた方程式を，その未知関数についての**微分方程式**と呼びます。微分方程式を解くことは，その方程式から未知関数を決定することを意味します。そのようにして導かれた関数を微分方程式の解と呼びます。

　微分方程式を解く作業は，原理的には原始関数を発見したり，積分を実行することを意味し，一般的には容易ではありません。まずは，解を導けるパターンについて，その手続きを習得することが重要です。

　最も単純な形式の微分方程式は，

$$\frac{dy}{dx} = f(x) \tag{12.1}$$

という形式の方程式です。この方程式は $y = y(x)$ が $f(x)$ の原始関数であることを意味するので，$f(x)$ の原始関数の1つ $F(x)$ を知っていれば，

$$y = F(x) + C \tag{12.2}$$

です。ここで，C は別の条件から決めるべき未定の定数です。関数 (12.2) を，微分方程式 (12.1) の**一般解**と呼びます。定数 C は，例えば，$x = 0$ における y の値が

$$y(0) = y_0 \tag{12.3}$$

と与えられていれば，(12.2) において $x = 0$ とおくことにより，

$$y(0) = F(0) + C \quad \therefore \quad C = y_0 - F(0)$$

として定数 C を確定でき，関数 $y(x)$ も決定されます。

微分方程式 (12.1) のみでは関数 $y = y(x)$ は一意に定まらず，(12.3) のような条件が必要です。これを**初期条件**(しょきじょうけん)と呼びます。

(12.1) と (12.3) から関数 $y = y(x)$ を求めるには，一旦，一般解を求めることをせずに，次のようにすることもできます。(12.1) において変数を x から z に読み換えて，両辺を $z = 0$ から $z = x$ まで積分して比べれば，

$$\int_0^x \frac{\mathrm{d}y}{\mathrm{d}z}\,\mathrm{d}z = \int_0^x f(z)\,\mathrm{d}z$$

すなわち，

$$y(x) - y(0) = F(x) - F(0)$$

(12.3) により

$$y(x) - y_0 = F(x) - F(0) \quad \therefore \quad y(x) = F(x) + y_0 - F(0)$$

となります。

12.2. 1階斉次線形常微分方程式

関数 $y = f(x)$ が，定数 a に対して

$$\frac{\mathrm{d}y}{\mathrm{d}x} = ay \tag{12.4}$$

を満たす場合を考えます。(12.4) の形の微分方程式は**1階斉次線形常微分方程式**(せいじ)(じょうびぶん)と呼びます。斉次とは，方程式が関数やその導関数の1次の項のみを含むことを示しています。線形とは，方程式がそれらの和で表現されていることを意味します。1階は，導関数は1次導関数のみということで，常微分とは今まで扱ってきた微分のことです。

微分方程式は，関数の変化の仕方についての方程式なので，それだけでは具体的な関数を再現することはできません。初期条件が必要です。ここでは，初期条件

$$f(0) = y_0 \tag{12.5}$$

の下で，(12.4) を解いてみます。

$y_0 \neq 0$ の場合は，少なくとも暫(しばら)くは $y \neq 0$ の状態，つまり，$y = f(x)$ の値が y_0 と同符号の状態が続くので，その範囲で考えます。このとき，(12.4) は，

$$\frac{\mathrm{d}y}{y} = a\,\mathrm{d}x$$

と変形できます.両辺を x について 0 から任意の x(ただし,$y \neq 0$ が保たれている区間)まで積分して比べます.その間に,y は y_0 から $f(x)$ まで変化するので,

$$\int_{y_0}^{f(x)} \frac{\mathrm{d}y}{y} = \int_0^x a\,\mathrm{d}x$$

両辺ともに即座に積分が実行できて,

$$\log \frac{f(x)}{y_0} = ax \qquad \therefore \quad f(x) = y_0 e^{ax} \tag{12.6}$$

となります.関数 $f(x)$ が再現できました.この $f(x)$ の定義域(上の計算が有効な範囲)は,$f(x)$ の値が y_0 と同符号となる x の範囲ですが,それは実数全体になります.

$y_0 \neq 0$ と仮定して議論してきましたが,試しに (12.6) において $y_0 = 0$ とおくと,定数関数

$$f(x) = 0$$

を得ます.この関数は,方程式 (12.4) も初期条件 (12.5) も満たします.したがって,関数 (12.6) は,y_0 の値によらず($y_0 = 0$ の場合も含めて),初期条件 (12.5) の下での微分方程式 (12.4) の解になっています.あるいは,関数 (12.6) は,あらゆる初期条件に対応しうる,方程式 (12.4) の解になっています.このような解の一般形を**一般解**と呼びます.

初期条件 (12.5) の下での,微分方程式 (12.4) の解として (12.6) を導くのに,結論を先取りしたような方法ですが,次のような方法もあります.

(12.4) の両辺に e^{-ax} を掛けます.

$$\frac{\mathrm{d}y}{\mathrm{d}x} \cdot e^{-ax} = ay \cdot e^{-ax}$$

右辺を左辺に移項すれば,

$$\frac{\mathrm{d}y}{\mathrm{d}x} \cdot e^{-ax} + y \cdot \left(-ae^{-ax}\right) = 0$$

$(e^{-ax})' = -ae^{-ax}$ なので,

$$\frac{\mathrm{d}y}{\mathrm{d}x} \cdot e^{-ax} + y \cdot \left(e^{-ax}\right)' = 0$$

積の微分公式を逆に使えば,

$$\frac{\mathrm{d}}{\mathrm{d}x}\left(y \cdot e^{-ax}\right) = 0$$

となります．x の関数の導関数が 0 であることは，その関数が定数関数であることを示します．一定ということは，いつでも同じ値ということなので，$x = 0$ のときの値がその一定値になります．したがって，

$$y \cdot e^{-ax} = \text{一定} = y(0) \cdot e^0 = y(0) \qquad \therefore \quad y = y(0)e^{ax}$$

となり，(12.6) が導かれます．

この方法では，$y(0)$ の場合も別扱いする必要がありません．

積分が実行できるのは原始関数を知っている場合なので，上の方法で見つけた解が唯一の解であるかが問題となります．未知の原始関数からまったく別の解が得られる可能性が否定できません．しかし，実際には，同じ初期条件を満たす同じ微分方程式の解は一意に定まることが次のように確認できます．

(12.4) かつ (12.5) を満たす関数として y_1, y_2 の 2 つがあるとします．つまり，

$$\frac{\mathrm{d}y_1}{\mathrm{d}x} = ay_1, \quad y_1(0) = y_0$$

$$\frac{\mathrm{d}y_2}{\mathrm{d}x} = ay_2, \quad y_2(0) = y_0$$

です．このとき，

$$y = y_1 - y_2$$

とおくと，

$$\frac{\mathrm{d}y}{\mathrm{d}x} = \frac{\mathrm{d}}{\mathrm{d}x}(y_1 - y_2) = \frac{\mathrm{d}y_1}{\mathrm{d}x} - \frac{\mathrm{d}y_2}{\mathrm{d}x} = ay_1 - ay_2 = a(y_1 - y_2) = ay$$

となるので，$y = y_1 - y_2$ も (12.4) の解です．したがって，

$$y = y(0)e^{ax}$$

となりますが，$y = y_1 - y_2$ の初期値は

$$y(0) = y_1(0) - y_2(0) = y_0 - y_0 = 0$$

なので，

$$y = 0 \qquad \therefore \quad y_1 - y_2 = 0 \ \text{すなわち}, \quad y_1 = y_2$$

となります．つまり，(12.4) かつ (12.5) を満たす関数が 2 つあったとしても，そ

れらは関数として一致します．

12.3. 2階斉次線形常微分方程式

今度は関数 $y = f(x)$ が，微分方程式

$$y'' + ay' + by = 0 \qquad (12.7)$$

を満たす場合を考えます．式が煩雑になるので，微分は $'$ で表しました．a, b は定数とします．今回も斉次で線形な方程式になっています．2次導関数を含むので，**2階斉次線形常微分方程式**ということになります．

さて，方程式 (12.7) に対応して λ についての2次方程式

$$\lambda^2 + a\lambda + b = 0 \qquad (12.8)$$

を考えます．これを微分方程式 (12.7) の**特性方程式**と呼びます．

特性方程式 (12.8) が相異なる実数解 λ_1, λ_2 をもつ場合，2次方程式の解と係数の関係より，

$$\lambda_1 + \lambda_2 = -a, \qquad \lambda_1 \lambda_2 = b$$

なので，方程式 (12.7) は，

$$y'' - (\lambda_1 + \lambda_2)y' + \lambda_1 \lambda_2 y = 0$$

と読み換えることができます．さらに，

$$\frac{\mathrm{d}}{\mathrm{d}x}(y' - \lambda_2 y) = \lambda_1(y' - \lambda_2 y)$$

と変形できるので，

$$Y_1 = y' - \lambda_2 y$$

とおけば，Y_1 は

$$\frac{\mathrm{d}Y_1}{\mathrm{d}x} = \lambda_1 Y_1$$

を満たします．これは，前節で解いた形の方程式なので解を知っています．すなわち，

$$Y_1 = Y_1(0)e^{\lambda_1 x}$$

となります．$Y_1(0)$ は Y_1 の初期値（$x = 0$ のときの値）です．これは，y と y' の

初期値 $y(0)$, $y'(0)$ を用いて
$$Y_1(0) = y'(0) - \lambda_2 y(0)$$
と表されます。2階の微分方程式から関数を決定するためには初期条件として $y(0)$ の値と $y'(0)$ の値が必要になります。

方程式 (12.7) は,
$$\frac{\mathrm{d}}{\mathrm{d}x}(y' - \lambda_1 y) = \lambda_2(y' - \lambda_1 y)$$
とも変形できるので,
$$Y_2 = y' - \lambda_1 y$$
とおけば, 上と同様にして
$$Y_2 = Y_2(0)e^{\lambda_2 x}$$
と関数を決定することができます。
$$Y_2(0) = y'(0) - \lambda_1 y(0)$$
なので, 初期条件としては $y(0)$ と $y'(0)$ の値のみで足ります。

以上まとめると,
$$y' - \lambda_2 y = Y_1(0)e^{\lambda_1 x}, \qquad y' - \lambda_1 y = Y_2(0)e^{\lambda_2 x}$$
となります。2式より y' を消去すれば,
$$(\lambda_1 - \lambda_2)y = Y_1(0)e^{\lambda_1 x} - Y_2(0)e^{\lambda_2 x}$$
となります。$\lambda_1 \neq \lambda_2$ を仮定しているので, y について解くことができて,
$$y = Ae^{\lambda_1 x} + Be^{\lambda_2 x} \tag{12.9}$$
です。ここで,
$$A = \frac{Y_1(0)}{\lambda_1 - \lambda_2}, \qquad B = \frac{Y_2(0)}{\lambda_2 - \lambda_1}$$
は, 初期条件から決まる定数です。(12.9) は, 微分方程式 (12.7) の一般解です。

(12.7) についても, 同一の初期条件を満たす関数は一意に定まることを, 前節で行ったのと同様の議論により示すことができます。各自で確認してみましょう。

特性方程式 (12.8) の解が重解となる場合も, 少し工夫すれば解を求めることが

できますが，ここでは省略します。

特性方程式 (12.8) の解が虚数になる場合は，どうすればよいのでしょう。§11.3 において指数関数の定義域を複素数に広げておいたので，まったく困りません。その場合も，(12.9) が (12.7) の一般解になっています。

特に，$a = 0, b > 0$ の場合，解くべき微分方程式は

$$y'' = -by \tag{12.10}$$

であり，特性方程式は，

$$\lambda^2 = -\omega^2 \quad \therefore \quad \lambda = \pm i\omega$$

となります。ここで，

$$\omega = \sqrt{b}$$

です。このとき，$e^{\lambda x}$ は，

$$e^{\pm i\omega x} = \cos(\pm \omega x) + i\sin(\pm \omega x) = \cos(\omega x) \pm i\sin(\omega x) \quad \text{（複号同順）}$$

なので，関数 (12.9) は，

$$y = A(\cos(\omega x) + i\sin(\omega x)) + B(\cos(\omega x) - i\sin(\omega x))$$

となります。ここで，

$$C = i(A - B), \quad D = A + B$$

とおけば，

$$y = C\sin(\omega x) + D\sin(\omega x) \tag{12.11}$$

となり，虚数単位を使わずに表現することができます。C, D は初期条件から定まる定数です。

微分方程式 (12.10) の一般解としては，関数 (12.11) を採用すると便利です。

練習 12.1 次の初期条件と微分方程式を満たす関数 $y = f(x)$ を求めてみましょう。

(1) $y(0) = 1, \ y' = 2y$
(2) $y(0) = 0, \ y' = 1 - y$
(3) $y(0) = 0, \ y'(0) = 2, \ y'' - 5y + 6y = 0$

(4) $y(0) = 3$, $y'(0) = 0$, $y'' = -2y$

(5) $y(0) = 0$, $y'(0) = 0$, $y'' = -y + 2$

第 II 部
物理学への応用

第1章　点の運動

1.1. 点の位置

あらゆる物理現象は物体の運動に還元して理解できます。さらに，物体の運動は点の運動の組み合わせとして分析することができます。そこで，点の運動を追跡するための数学的な手法を調べてみましょう。

運動というのは，空間における位置の時間変化です。したがって，空間における点の位置を時刻 t の関数として追跡することができれば，その点の運動が理解できたことになります。では，点の位置をどのように表現すべきかが，まず問題となります。座標系を設定して点の座標を読み取ることにより点の位置を指定する方法もありますが，物理では**位置ベクトル**により点の位置を表示します。

空間の定点 O を始点とし，注目する点 P を終点とするベクトル

$$\vec{r} = \overrightarrow{\mathrm{OP}}$$

を，点 O を原点とする点 P の位置ベクトル（あるいは単に「位置」）と呼びます。

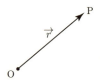

具体的な議論を行うには成分表示すると便利です。点 O を原点として xyz 座標系を設定すれば，

$$\vec{r} = \begin{pmatrix} x \\ y \\ z \end{pmatrix}$$

と成分表示できます．このとき，x, y, z は，この座標系における点 P の座標と一致します．しかし，位置ベクトルの成分としては，x, y, z はベクトル $\vec{r}$ の各座標軸への正射影です．

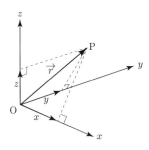

平面内の点の運動を考察する場合には，xy 座標系を使って位置 $\vec{r}$ を

$$\vec{r} = \begin{pmatrix} x \\ y \end{pmatrix}$$

と成分表示することができます．

一直線上（x 軸を設定しておきます）での点の運動を考える場合には，点の位置は 1 成分のベクトル

$$\vec{r} = \begin{pmatrix} x \end{pmatrix}$$

により表すことができます．しかし，この表現は大袈裟なので，通常は x を点の位置として採用します．

空間の点の運動と，平面内の点の運動とでは，数学的な扱いに本質的な差はないので，以下では平面内の点の運動を考えます．

1.2. 速度・加速度

位置
$$\vec{r} = \begin{pmatrix} x \\ y \end{pmatrix}$$

を時刻 t の関数として捉えることにより，その点の運動を追跡することができます．具体的には各成分 x, y を時刻 t の関数

$$\begin{cases} x = x(t) \\ y = y(t) \end{cases}$$

として追跡することになります．

このとき，

$$\begin{cases} v_x = \dfrac{\mathrm{d}x}{\mathrm{d}t} \\ v_y = \dfrac{\mathrm{d}y}{\mathrm{d}t} \end{cases}$$

を成分とするベクトル

$$\vec{v} = \begin{pmatrix} v_x \\ v_y \end{pmatrix}$$

を導入し，このベクトル $\vec{v}$ を**速度ベクトル**（あるいは単に「**速度**」）と呼びます．

また，速度 $\vec{v}$ の大きさ

$$v = |\vec{v}| = \sqrt{v_x{}^2 + v_y{}^2}$$

を**速さ**と呼びます．

一般に，速度も時刻 t の関数となります．そして，

$$\begin{cases} a_x = \dfrac{\mathrm{d}v_x}{\mathrm{d}t} = \dfrac{\mathrm{d}^2 x}{\mathrm{d}t^2} \\ a_y = \dfrac{\mathrm{d}v_y}{\mathrm{d}t} = \dfrac{\mathrm{d}^2 y}{\mathrm{d}t^2} \end{cases}$$

を成分とするベクトル

$$\vec{a} = \begin{pmatrix} a_x \\ a_y \end{pmatrix}$$

を**加速度ベクトル**（あるいは単に「**加速度**」）と呼びます．

　速度や加速度は日常的にも用いる用語です．そのため，何らかのイメージを抱いていて，上の説明に違和感を覚えるかも知れませんが，数学的には上で紹介した内容が，それぞれ速度や加速度の<u>定義</u>です．明確に記憶しておく必要があります．

1.3. 放物運動

地上から空中にボールを放り投げると下図のような曲線を描きます。これを数学的に分析してみましょう。

空気の影響が無視できる場合，地上での物体の運動は鉛直下向きに大きさ g の等加速度運動になることが分かっています。この加速度を**重力加速度**と呼びます。そこで，物体を投げ出した点を原点として，水平方向に（地面に沿って）x 軸を，鉛直上向きに y 軸をもつ座標系を設定します。このとき，空中にある物体の加速度は

$$\vec{a} = \begin{pmatrix} 0 \\ -g \end{pmatrix}$$

となります。

初速度 $\vec{v}(0)$（「(0)」は時刻 $t = 0$ を意味します）を大きさ（速さ）v_0，仰角（速度の向きを水平方向から上向きに測った角度）θ とします。

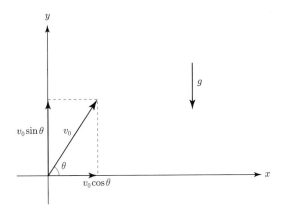

これを速度ベクトルとして成分表示すれば，

$$\vec{v}(0) = \begin{pmatrix} v_0 \cos\theta \\ v_0 \sin\theta \end{pmatrix}$$

となります。

加速度の x 成分が 0 であることは

$$\frac{\mathrm{d}v_x}{\mathrm{d}t} = 0 \qquad \therefore \quad v_x = 一定$$

であることを意味します。したがって,

$$v_x = v_0 \cos\theta \quad (一定)$$

となります。これは,さらに

$$\frac{\mathrm{d}x}{\mathrm{d}t} = v_0 \cos\theta \quad (一定)$$

であることを意味します。いま, $x(0) = 0$ なので,

$$x(t) = 0 + \int_0^t v_0 \cos\theta\, \mathrm{d}s = v_0 \cos\theta \cdot t$$

積分変数として t の代わりに s を用いました。

次に, y 方向の運動について調べていきます。

$$\frac{\mathrm{d}v_y}{\mathrm{d}t} = -g \quad (一定)$$

であり, $v_y(0) = v_0 \sin\theta$ なので,

$$v_y(t) = v_0 \sin\theta + \int_0^t (-g)\, \mathrm{d}s = v_0 \sin\theta - gt$$

つまり,

$$\frac{\mathrm{d}y}{\mathrm{d}t} = v_0 \sin\theta - gt$$

となります。そして, $y(0) = 0$ なので,

$$y(t) = 0 + \int_0^t (v_0 \sin\theta - gs)\, \mathrm{d}s = v_0 \sin\theta \cdot t - \frac{1}{2}gt^2$$

以上,まとめると,時刻 t において

$$\begin{cases} x = v_0 \cos\theta \cdot t \\ y = v_0 \sin\theta \cdot t - \dfrac{1}{2}gt^2 \end{cases}$$

です。これは, t をパラメータと見れば, xy 平面上に物体が描く軌跡の方程式で

す。2式から t を消去すれば，

$$y = \tan\theta \cdot x - \frac{g}{2(v_0 \cos\theta)^2} x^2$$

となります．つまり，空中に放り出された物体の描く曲線が2次関数のグラフと一致することが分かりました．これが，2次関数のグラフを**放物線**と呼ぶ所以(ゆえん)です．

第2章 終端状態のある現象

2.1. 抵抗力のある落下運動

落下速度 v に比例する抵抗力を受ける場合の落下運動は，方程式

$$\frac{\mathrm{d}v}{\mathrm{d}t} = g - kv \tag{2.1}$$

に従います。ここで，g は**重力加速度**と呼ばれる定数で，空気抵抗が無視できる場合の落下運動の加速度になります。k は，空気抵抗の大きさを表す正定数です。また，t は時刻を表し，v は時刻 t の関数 $v = v(t)$ です。

$V = v - \dfrac{g}{k}$ とおくと，

$$(2.1) \iff \frac{\mathrm{d}V}{\mathrm{d}t} = -kV$$

です。この方程式については，解が

$$V(t) = V(0)e^{-kt}$$

となることを学びました。初期条件を $v(0) = 0$ とすれば，

$$V(0) = v(0) - \frac{g}{k} = -\frac{g}{k}$$

なので，

$$V(t) = V(0)e^{-kt}$$

つまり，

$$v(t) - \frac{g}{k} = -\frac{g}{k}e^{-kt} \quad \therefore \quad v(t) = \frac{g}{k}\left(1 - e^{-kt}\right) \tag{2.2}$$

となります。

(2.2) の関数 $v(t)$ のグラフを図示すれば，以下のようになります。

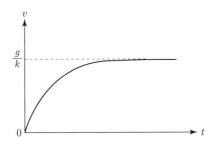

落下速度 v は，時間の経過に連れて一定値 $v_\infty = \dfrac{g}{k}$ に近づいていくことが分かります。この値 v_∞ を**終端速度**と呼びます。

数学的には，終端速度 v_∞ は $t \to \infty$ における関数 $v(t)$ の極限値です。しかし，指数関数は収束が速く，現実の現象においては，十分に時間が経過した後は $v = v_\infty$（一定）と扱うことができます。

2.2. コンデンサーを含む直流回路

コンデンサーを電池で充電する回路を考えます。

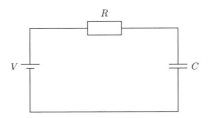

コンデンサーがまったく帯電していない状態から時刻 $t = 0$ に充電を開始すると，コンデンサーの帯電量 q は，方程式

$$\frac{\mathrm{d}q}{\mathrm{d}t} = \frac{V}{R} - \frac{q}{CR} \tag{2.3}$$

に従って時間変化します。ここで，V は電池の**起電力**，R は回路の**電気抵抗**，C はコンデンサーの**電気容量**を表します。それぞれ正定数です。

(2.3) は，前節で調べた (2.1) と数学的には同じ形の方程式になっています。$Q = q - CV$ とおけば，

$$(2.3) \iff \frac{dQ}{dt} = -\frac{1}{CR}Q$$

です．初期条件は $q(0) = 0$ なので，$Q(0) = q(0) - CV = -CV$ であり，

$$Q(t) = -CVe^{-\frac{t}{CR}} \quad \therefore \quad q(t) = CV\left(1 - e^{-\frac{t}{CR}}\right)$$

となります．グラフに示せば，以下の通りです．

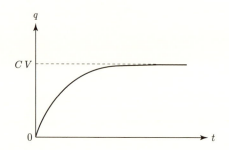

CV は関数 $q(t)$ の極限値ですが，この場合も現実には，十分に時間が経過すれば，$q = CV$（一定）と扱うことができます．

次に，充電されたコンデンサーに抵抗をつないで放電する回路を考えます．

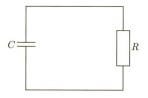

放電を開始した後のコンデンサーの帯電量 q は，方程式

$$\frac{dq}{dt} = -\frac{q}{CR} \tag{2.4}$$

に従って時間変化します．C, R の意味は上と同様です．

初期条件を $q = q_0$ とすれば，(2.4) の解は，

$$q(t) = q_0 e^{-\frac{t}{CR}}$$

となります．グラフで示せば以下の通りです．

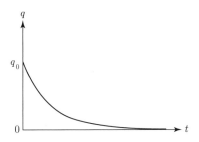

コンデンサーの帯電量は単調に減少していき，十分に時間が経過すれば $q = 0$ となる，放電が完了します。

2.3. コイルを含む直流回路

電池，抵抗，コイルを接続した回路に流れる電流の時間変化を考えます。

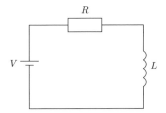

電流 i は，方程式

$$Ri = V - L\frac{di}{dt} \tag{2.5}$$

に従って時間変化します。L はコイルの**自己インダクタンス**と呼ばれる正定数です。時刻 $t = 0$ にスイッチを閉じたことを想定して，初期条件は $i(0) = 0$ とします。

$I = i - \dfrac{V}{R}$ とおけば，

$$(2.5) \iff \frac{dI}{dt} = -\frac{R}{L}I$$

です。$I(0) = i(0) - \dfrac{V}{R} = -\dfrac{V}{R}$ なので，

$$I(t) = -\frac{V}{R}e^{-\frac{R}{L}t} \qquad \therefore \quad i(t) = \frac{V}{R}\left(1 - e^{-\frac{R}{L}t}\right)$$

となります。グラフで示せば以下の通りです。

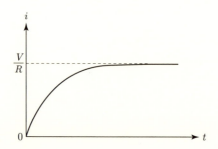

十分に時間が経過した後に $i = \dfrac{V}{R}$ （一定）となります。コイルがない場合には，スイッチを閉じた直後から $i = \dfrac{V}{R}$ （一定）となります。

第3章　振動現象

3.1. 単振動

天井から物体をばねで吊り下げたときの物体の運動を考えます。

ばねの伸び x は，方程式

$$\ddot{x} = g - \frac{k}{m}x \tag{3.1}$$

に従って時間変化します。m は物体の**質量**，k は**ばね定数**と呼ばれます。いずれも正定数です。x は時刻 t の関数です。時刻 t についての微分は，′ のかわりに・（ドット）で表します。つまり，

$$\dot{x} = \frac{\mathrm{d}x}{\mathrm{d}t}, \qquad \ddot{x} = \frac{\mathrm{d}^2 x}{\mathrm{d}t^2}$$

です。

さて，$X = x - \dfrac{mg}{k}$ とおくと，

$$(3.1) \iff \ddot{X} = -\frac{k}{m}X$$

です。この方程式の一般解は，$\omega = \sqrt{\dfrac{k}{m}}$ とおくと，定数 a, b を用いて

$$X = a \sin \omega t + b \cos \omega t$$

と表すことができました。つまり，

$$x = \frac{mg}{k} + a \sin \omega t + b \cos \omega t$$

となります。このとき，

$$\dot{x} = \omega a \cos \omega t - \omega b \sin \omega t$$

です。

　ばねが自然長（伸びても縮んでもいない状態）となる位置から物体を静かに放した状況を想定して，初期条件を

$$x(0) = 0, \quad \dot{x}(0) = 0$$

とします。この場合，

$$\begin{cases} \dfrac{mg}{k} + b = 0 \\ \omega a = 0 \end{cases} \quad \therefore \quad \begin{cases} b = -\dfrac{mg}{k} \\ a = 0 \end{cases}$$

となるので，関数 $x(t)$ が

$$x = \frac{mg}{k} - \frac{mg}{k}\cos\left(\sqrt{\frac{k}{m}}t\right)$$

と定まります。グラフで示せば以下の通りです。

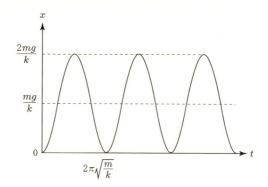

このように正弦関数や余弦関数で表される運動を**単振動**と呼びます。

3.2. 電気振動

　コンデンサーとコイルをつないだ回路を考えます。

　コンデンサーの帯電量 q は，方程式

$$L\ddot{q} + \frac{q}{C} = 0 \quad \therefore \quad \ddot{q} = -\frac{1}{LC}q$$

に従って時間変化します。この微分方程式の一

般解は，$\omega = \dfrac{1}{\sqrt{LC}}$ とおくと，定数 a, b を用いて

$$q = a\sin\omega t + b\cos\omega t$$

と表すことができました．このとき，回路に流れる電流 i は，

$$i = \dot{q} = \omega a\cos\omega t - \omega b\sin\omega t$$

となります．これは，

$$A = \sqrt{a^2 + b^2}, \quad \begin{cases} \cos\delta = \dfrac{a}{A} \\ \sin\delta = \dfrac{b}{A} \end{cases}$$

により A, δ を定めれば，

$$i = A\sin(\omega t + \delta)$$

と合成することができます．

定数 a, b は初期条件により決定されますが，いずれにせよ，回路には正弦振動の電流が流れます．このような電流を**交流電流**と呼びます．また，電気回路で実現する振動を**電気振動**と言います．

3.3. 交流回路

抵抗，コンデンサー，コイルを交流電源と直列につないだ回路を考えます．

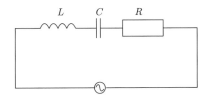

交流回路とは，起電力が正弦的に振動する電源です．その振動を $V = V_0\sin\omega t$ とすれば，コンデンサーの帯電量 q は，方程式

$$L\ddot{q} + R\dot{q} + \dfrac{q}{C} = V_0\sin\omega t \tag{3.2}$$

に従います．

方程式に非斉次の項（q や q の微分の 1 次式ではない項）が含まれていても，そ

れが定数の場合は，注目する関数から適当な定数をズラした関数に注目することにより非斉次項を消すことができました．しかし，今回の方程式に含まれる非斉次項は関数 $V_0 \sin \omega t$ です．このような場合は，初期条件を気にしないで，方程式 (3.2) を満たす関数（特殊解と呼びます）を 1 つ見つけます．これを q_S とします．つまり，

$$L\ddot{q}_S + R\dot{q}_S + \frac{q_S}{C} = V_0 \sin \omega t \tag{3.3}$$

が成り立ちます．次に，非斉次項を 0 と読み換えた方程式

$$L\ddot{q} + R\dot{q} + \frac{q}{C} = 0 \tag{3.4}$$

を考え，この一般解を q_H とすれば，

$$L\ddot{q}_H + R\dot{q}_H + \frac{q_H}{C} = 0 \tag{3.5}$$

が成り立ちます．また，q_H には，初期条件から決定すべき 2 つの定数が含まれています．

$q = q_S + q_H$ とおくと，(3.3) と (3.5) により，

$$L\ddot{q} + R\dot{q} + \frac{q}{C} = V_0 \sin \omega t$$

が成り立ちます．つまり，関数 $q = q_S + q_H$ は，未定の定数を 2 つ含む，方程式 (3.3) の解となっています．これが，方程式 (3.3) の一般解です．

ところで，方程式 (3.4) の特性方程式は，

$$L\lambda^2 + R\lambda + \frac{1}{C} = 0$$

であり，解の実部は負となります．そのため q_H は十分に時間が経過すると 0 に収束します．したがって，十分に時間が経過した後には，

$$q \approx q_S$$

となります．後に紹介するように，定常的に関数の形が変わらない周期関数として特殊解を見つけることができます．

回路に流れる電流は，

$$I = \frac{dq}{dt}$$

で与えられます．これも，十分に時間が経過した後には

$$I \approx \frac{dq_S}{dt}$$

となります．このとき，(3.3) を I に対する方程式に読み換えると（両辺を t に付いて微分します），

$$L\ddot{I} + R\dot{I} + \frac{I}{C} = \omega V_0 \cos \omega t \tag{3.6}$$

となります．

そこで，十分に時間が経過した後に回路に流れる定常電流のみを知りたいのであれば，回路についての方程式を微分方程式として解く必要はなく（そのため，初期条件も考慮する必要がない），方程式を満たす周期的な電流の関数を見つければよいのです．その具体的な作業には，物理の知識が必要になるため，ここでは天下り的に解を与えておきます．それは，

$$Z = \sqrt{R^2 + \left(\omega L - \frac{1}{\omega C}\right)^2}, \quad \begin{cases} \cos \delta = \dfrac{R}{Z} \\ \sin \delta = \dfrac{\omega L - \dfrac{1}{\omega C}}{Z} \end{cases}$$

として，

$$I = \frac{V_0}{Z} \sin(\omega t - \delta)$$

となります．この関数が方程式 (3.3) を満たすことは確認してください．

付録 A　線形空間

　高校数学では有向線分で表すことができる，あるいは，図式的にイメージできるベクトルのみを扱います。しかし，ベクトルとは，より広い概念です。これを理解すると，これまで学んださまざまな内容をより整理された形で理解することができます。

　要素どうしの和とスカラー倍が定義されている集合 V について次の性質が成り立つとき，V を**ベクトル空間**あるいは**線形空間**と呼びます。なお，スカラーは，具体的には実数をイメージすればよいのですが，一般的には，加減乗除の四則演算がその内部で自由に行える集合 F の要素であれば実数に限定する必要はありません。

1. $a, b \in V \implies a + b \in V$
2. $a \in V, \alpha \in F \implies \alpha a \in V$
3. 任意の V の要素 a, b, c に対して $(a + b) + c = a + (b + c)$
4. 任意の V の要素 a, b に対して $a + b = b + a$
5. V の要素 0 が存在して，任意の V の要素 a に対して $a + 0 = 0 + a = a$
6. 任意の V の要素 a に対して $a + (-a) = (-a) + a = 0$ となる V の要素 $-a$ が存在する
7. F の要素 0 が存在して，任意の V の要素 a に対して $0a = 0$
8. F の要素 1 が存在して，任意の V の要素 a に対して $1a = a$
9. 任意の F の要素 α, β，任意の V の要素 a に対して $\alpha(\beta a) = (\alpha\beta)a$
10. 任意の F の要素 α，任意の V の要素 a, b に対して $\alpha(a + b) = \alpha a + \alpha b$

集合 V が，上のすべての性質（**公理**と言います）を満たすとき，

　　　　V は F 上のベクトル空間である

と言います。そして，ベクトル空間の要素をベクトルと呼びます。

高校数学で扱う平面ベクトル全体の集合や空間ベクトル全体の集合が，ベクトル空間の公理を満たすことは容易に確認できるでしょう。これらは，実数上のベクトル空間です。

ベクトル空間の例は他にも多数存在します。例えば，第I部の第12章で学んだ斉次線形常微分方程式の解全体の集合（関数の集合）もベクトル空間となります。この集合がベクトル空間の公理を満たすことは各自で確認してみてください。

ところで，ベクトル空間 V の任意の要素 v が，V の **1 次独立**な n 個の要素 $e_1, e_2, \cdots, e_n$ の線形結合（スカラー倍の和の形式）

$$v = \alpha_1 e_1 + \alpha_2 e_2 + \cdots + \alpha_n e_n$$

により表現できるときに，

　　　V は n 次元ベクトル空間である

と言います。$e_1, e_2, \cdots, e_n$ が1次独立であるとは，

$$\alpha_1 e_1 + \alpha_2 e_2 + \cdots + \alpha_n e_n = 0 \iff \alpha_1 = \alpha_2 = \cdots = \alpha_n = 0$$

が成り立つことです。

このとき，組 $\{e_1, e_2, \cdots, e_n\}$ を**基底**，$e_1, e_2, \cdots, e_n$ の1つ1つを**基底ベクトル**と呼びます。基底の選び方は一意的ではありません。基底を導入するときの基底ベクトルの個数 n がベクトル空間の次数になります。

平面ベクトル全体の集合は2次元ベクトル空間，空間ベクトル全体の集合は3次元ベクトル空間です。

2階斉次線形常微分方程式

$$\ddot{x} - (\lambda_1 + \lambda_2)\dot{x} + \lambda_1 \lambda_2 x = 0 \tag{A.1}$$

の一般解は，

$$x = Ae^{\lambda_1 t} + Be^{\lambda_2 t}$$

なので，(A.1) の解全体の集合は $\{e^{\lambda_1 t}, e^{\lambda_2 t}\}$ を基底とする2次元ベクトル空間になります。λ_1, λ_2 が純虚数 $i\omega, -i\omega$ の場合は，基底として $\{\sin \omega t, \cos \omega t\}$ を採用し，一般解を

$$x = A\sin\omega t + B\cos\omega t$$

と表現することもできるのです。

一般に n 階斉次線形常微分方程式の解全体の集合は n 次元ベクトル空間になることが知られています。したがって，n 個の独立な解を見つければ，それらの線形結合により一般解を与えることができます。

第 I 部の第 9 章で学んだマクローリン級数やテーラー級数の背景にもベクトル空間の考え方があります。ただし，これらは無限次元のベクトル空間になります。

例えば，周期 T の関数全体の集合は

$$\left\{1,\ \cos\frac{2\pi}{T}x,\ \cos\frac{4\pi}{T}x,\ \cdots,\ \cos\frac{2n\pi}{T}x,\ \cdots,\ \sin\frac{2\pi}{T}x,\ \sin\frac{4\pi}{T}x,\ \cdots,\ \sin\frac{2n\pi}{T}x,\ \cdots\right\}$$

を基底とするベクトル空間になります。基底ベクトルは無数に存在します。

集合は一定の条件に従って要素を集めただけのものですが，その要素の間に特定の関係を要請して集合に数学的な構造を導入したものが**空間**（物理現象の舞台となる「(宇宙) 空間」とは別の概念です）です。さらに数学の学習が進むと，ベクトル空間以外にもさまざまな概念の空間が登場してきます。

付録B　練習問題の解答・考え方

練習2.1

例えば，60°の三角比については，次のような図を描きます。

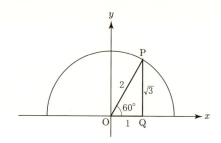

△OPQ は，∠POQ = 60° の直角三角形であり，辺の比が $1 : \sqrt{3} : 2$ であることを知っているので，OP = 2 とすれば P の座標は $(1, \sqrt{3})$ となります。したがって，

$$\sin 60° = \frac{\sqrt{3}}{2}, \quad \cos 60° = \frac{1}{2}, \quad \tan 60° = \frac{\sqrt{3}}{1} = \sqrt{3}$$

と求めることができます。

135° の三角比については，下のような図を描きます。

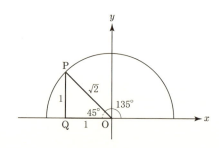

△OPQ は，∠POQ = 45° の直角三角形であり，辺の比が $1 : 1 : \sqrt{2}$ であることを知っています。OP = $\sqrt{2}$ とすれば P の座標は $(-1, 1)$ となります。した

がって，
$$\sin 135° = \frac{1}{\sqrt{2}}, \quad \cos 135° = \frac{-1}{\sqrt{2}} = -\frac{1}{\sqrt{2}}, \quad \tan 135° = \frac{1}{-1} = -1$$
と求めることができます。

練習 2.2

例えば $\cos 20°$ については，次の図のように分度器も使って x 軸から $20°$ の方向の円周上の点を求め，その x 座標の値を読み取ります。円の半径を 1 として座標を読み取れば，その値自体が $\cos 20°$ の値と一致します。

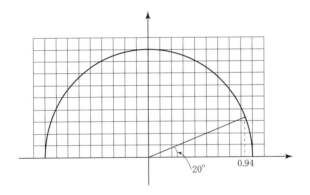

結論は次のようになります。
(1) $\sin 20° = 0.34$ (2) $\cos 20° = 0.94$ (3) $\sin 70° = 0.94$ (4) $\cos 70° = 0.34$
(5) $\sin 110° = 0.94$ (6) $\cos 110° = -0.34$ (7) $\sin 160° = 0.34$ (8) $\cos 160° = -0.94$

練習 2.3

右のような図を描き，典型的な三角形の辺の比を思い出すことにより読み取ることができます。

結論は次の通りです。

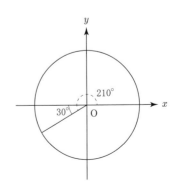

θ	210°	240°	270°	315°	330°	360°
$\sin\theta$	$-\dfrac{1}{2}$	$-\dfrac{\sqrt{3}}{2}$	-1	$-\dfrac{1}{\sqrt{2}}$	$-\dfrac{1}{2}$	0
$\cos\theta$	$-\dfrac{\sqrt{3}}{2}$	$-\dfrac{1}{2}$	0	$\dfrac{1}{\sqrt{2}}$	$\dfrac{\sqrt{3}}{2}$	1
$\tan\theta$	$\dfrac{1}{\sqrt{3}}$	$\sqrt{3}$		-1	$-\dfrac{1}{\sqrt{3}}$	0

練習 2.4

点 A は, $(4\cos 45°,\ 4\sin 45°)$　　すなわち,　$(2\sqrt{2},\ 2\sqrt{2})$

点 B は, $(6\cos 120°,\ 6\sin 120°)$　　すなわち,　$(-3,\ 3\sqrt{3})$

点 C は, $(6\cos 240°,\ 6\sin 240°)$　　すなわち,　$(-3,\ -3\sqrt{3})$

点 D は, $(10\cos 315°,\ 10\sin 315°)$　　すなわち,　$(5\sqrt{2},\ -5\sqrt{2})$

練習 3.1

原点を始点として描くと次のようになります。

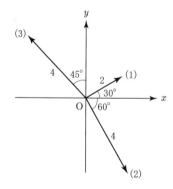

成分表示は次の通りです。

(1) $\vec{d} = \begin{pmatrix} \sqrt{3} \\ 1 \end{pmatrix}$　　(2) $\vec{d} = \begin{pmatrix} 2 \\ -2\sqrt{3} \end{pmatrix}$　　(3) $\vec{d} = \begin{pmatrix} -2\sqrt{2} \\ 2\sqrt{2} \end{pmatrix}$

練習 3.2

直線 $y = x$ 方向の単位ベクトルであり，x 成分が正であるベクトルは $\vec{e}_1 = \begin{pmatrix} 1/\sqrt{2} \\ 1/\sqrt{2} \end{pmatrix}$ です。$\vec{a}$ のこの向きの成分は

$$\vec{a} \cdot \vec{e}_1 = 2 \cdot \frac{1}{\sqrt{2}} + 4 \cdot \frac{1}{\sqrt{2}} = 3\sqrt{2}$$

一方，直線 $y = -x$ 方向の単位ベクトルであり，x 成分が正であるベクトルは $\vec{e}_1 = \begin{pmatrix} 1/\sqrt{2} \\ -1/\sqrt{2} \end{pmatrix}$ です。$\vec{a}$ のこの向きの成分は

$$\vec{a} \cdot \vec{e}_1 = 2 \cdot \frac{1}{\sqrt{2}} + 4 \cdot \left(-\frac{1}{\sqrt{2}}\right) = -\sqrt{2}$$

練習 4.1

多項式で与えられた関数の微分は，$(x^n)' = nx^{n-1}$ を使って項ごとに微分し，もとの多項式を同じ形式で並べます。定数関数の導関数は 0 です。

(1) $f'(x) = 7 \cdot (x)' = 7 \cdot 1 = 7$
(2) $f'(x) = (x^2)' - 5 \cdot (x)' = 2x - 5 \cdot 1 = 2x - 5$

(3), (4) は，まず，展開します。
(3) $f(x) = -x^2 + 2x + 3$ なので，$f'(x) = -(x^2)' + 2 \cdot (x)' = -2x + 2$
(4) $f(x) = 8x^3 + 12x^2 + 6x + 1$ なので，
$f'(x) = 8 \cdot (x^3)' + 12 \cdot (x^2)' + 6 \cdot (x)' = 24x^2 + 24x + 6$

練習 5.1

和を求めたい数列を，他の数列の階差として表すことができれば，容易に和を求めることができます。

(1) $(k+1)^2 - k^2 = 2k + 1$ なので，

$$\sum_{k=1}^{n}(2k+1) = \sum_{k=1}^{n}\{(k+1)^2 - k^2\} = (n+1)^2 - 1^2$$

また，

$$\sum_{k=1}^{n}(2k+1) = 2\sum_{k=1}^{n}k + \sum_{k=1}^{n}1 = 2\sum_{k=1}^{n}k + n$$

なので，

$$2\sum_{k=1}^{n} k + n = (n+1)^2 - 1 \qquad \therefore \quad \sum_{k=1}^{n} k = \frac{1}{2}n(n+1)$$

(2) $(k+1)^3 - k^3 = 3k^2 + 3k + 1$ なので，

$$\sum_{k=1}^{n}(3k^2 + 3k + 1) = \sum_{k=1}^{n}\left\{(k+1)^3 - k^3\right\} = (n+1)^3 - 1^3$$

また，

$$\sum_{k=1}^{n}(3k^2 + 3k + 1) = 3\sum_{k=1}^{n} k^2 + 3\sum_{k=1}^{n} k + \sum_{k=1}^{n} 1 = 3\sum_{k=1}^{n} k^2 + \frac{3}{2}n(n+1) + n$$

なので，

$$3\sum_{k=1}^{n} k^2 + \frac{3}{2}n(n+1) + n = (n+1)^3 - 1 \qquad \therefore \quad \sum_{k=1}^{n} k = \frac{1}{6}n(n+1)(2n+1)$$

練習 5.2

(1) $\displaystyle\int_0^2 (2-x)\,\mathrm{d}x = \left[2x - \frac{1}{2}x^2\right]_0^2 = 2$

(2) $\displaystyle\int_{-1}^1 (x^2 + x + 1)\,\mathrm{d}x = \left[\frac{1}{3}x^3 + \frac{1}{2}x^2 + x\right]_{-1}^1 = \frac{8}{3}$

(3) $\displaystyle\int_0^2 (x-2)^2\,\mathrm{d}x = \int_0^2 (x^2 - 4x + 4)\,\mathrm{d}x = \left[\frac{1}{3}x^3 - 2x^2 + 4x\right]_0^2 = \frac{8}{3}$

(4) $\displaystyle\int_1^3 (3-x)(x-1)\,\mathrm{d}x = \int_1^3 (-x^2 + 4x - 3)\,\mathrm{d}x = \left[-\frac{1}{3}x^3 + 2x^2 - 3x\right]_1^3 = \frac{4}{3}$

第 6 章で学ぶ手法を使えば，(3), (4) は次のように計算することもできます．

(3) $\displaystyle\int_0^2 (x-2)^2\,\mathrm{d}x = \left[\frac{1}{3}(x-2)^3\right]_0^2 = \frac{8}{3}$

(4) $\displaystyle\int_1^3 (3-x)(x-1)\,\mathrm{d}x = \int_1^3 \left\{2(x-1) - (x-1)^2\right\}\,\mathrm{d}x$

$\qquad = \left[(x-1)^2 - \frac{1}{3}(x-1)^3\right]_1^3 = \frac{4}{3}$

練習 6.1

(1) $f'(x) = 1 \cdot (x+1)^3 + (x-2) \cdot 3(x+1)^2 = (4x-5)(x+1)^2$

(2) $f'(x) = 10(2x+1)^9 \cdot 2 = 20(2x+1)^9$

(3) $f'(x) = -\dfrac{(x^2+1)'}{(x^2+1)^2} = -\dfrac{2x}{(x^2+1)^2}$

(4) $f'(x) = \dfrac{1 \cdot (x+2)^2 - x \cdot 2(x+2)}{(x+2)^4} = \dfrac{2-x}{(x+2)^3}$

練習 6.2

$x^2 + y^2 = 25$ において y を x の関数と見て，両辺を x について微分すれば，

$$2x + 2yy' = 0$$

$y \neq 0$ ならば，

$$y' = -\dfrac{x}{y}$$

よって，点 $(3, 4)$ における微分係数は

$$y' = -\dfrac{3}{4}$$

です。したがって，求める接線の方程式は，

$$y - 4 = -\dfrac{3}{4}(x - 3) \qquad \therefore \quad y = -\dfrac{3}{4}x + \dfrac{25}{4}$$

練習 6.3

(1) $\displaystyle\int_0^2 (x-2)^3 \,\mathrm{d}x = \left[\dfrac{1}{4}(x-2)^4\right]_0^2 = -4$

(2) $\displaystyle\int_0^1 (2x+1)^5 \,\mathrm{d}x = \left[\dfrac{1}{2} \cdot \dfrac{1}{6}(2x+1)^6\right]_0^1 = \dfrac{182}{3}$

(3) $\displaystyle\int_0^2 x(x-2)^2 \,\mathrm{d}x = \int_0^2 \left\{(x-2)^3 + 2(x-2)^2\right\} \mathrm{d}x$

$\qquad = \left[\dfrac{1}{4}(x-2)^4 + \dfrac{2}{3}(x-2)^3\right]_0^2 = \dfrac{4}{3}$

練習 7.1

(1) $\displaystyle\int_0^{2\pi} \sin x\, dx = \Big[-\cos x\Big]_0^{2\pi} = 0$

(2) $\displaystyle\int_0^{2\pi} \cos^2 x\, dx = \int_0^{2\pi} \frac{1+\cos 2x}{2}\, dx = \Big[\frac{1}{2}x + \frac{1}{4}\sin 2x\Big]_0^{2\pi} = \pi$

(3) $\displaystyle\int_0^{\frac{\pi}{2}} \sin x \cos x\, dx = \int_0^{\frac{\pi}{2}} \frac{1}{2}\sin 2x\, dx = \Big[-\frac{1}{4}\cos 2x\Big]_0^{\frac{\pi}{2}} = \frac{1}{2}$

(4) $\displaystyle\int_0^{\frac{\pi}{2}} \sin x \sin 3x\, dx = \int_0^{\frac{\pi}{2}} \frac{1}{2}(\cos 2x - \cos 4x)\, dx$

$= \Big[\frac{1}{4}\sin 2x - \frac{1}{8}\sin 4x\Big]_0^{\frac{\pi}{2}} = 0$

(5) $\displaystyle\int_0^{\frac{\pi}{2}} \sin x \cos 3x\, dx = \int_0^{\frac{\pi}{2}} \frac{1}{2}(\sin 4x - \sin 2x)\, dx$

$= \Big[-\frac{1}{8}\cos 4x + \frac{1}{4}\cos 2x\Big]_0^{\frac{\pi}{2}} = -\frac{1}{2}$

練習 8.1

(1) $\displaystyle\int_0^1 \frac{1}{e^x}\, dx = \int_0^1 e^{-x}\, dx = \Big[-e^{-x}\Big]_0^1 = 1 - \frac{1}{e}$

(2) $\displaystyle\int_0^1 \frac{x}{1+x^2}\, dx = \int_0^1 \frac{1}{2}\cdot\frac{(1+x^2)'}{1+x^2}\, dx = \Big[\frac{1}{2}\log(1+x^2)\Big]_0^1$

$= \frac{1}{2}\log 2 = \log\sqrt{2}$

練習 12.1

A, B を定数として，

- $y' = ay$ の一般解が $y = Ae^{ax}$
- $\lambda^2 + a\lambda + b = 0$ が異なる 2 解 λ_1, λ_2 をもつとき，
  $y'' + ay' + by = 0$ の一般解が $y = Ae^{\lambda_1 x} + Be^{\lambda_2 x}$
- $y'' = -\omega^2 y$ の一般解が $y = A\sin(\omega x) + B\cos(\omega x)$

であることは既知とします．

(1)　$y' = 2y$ の一般解は A を定数として，
$$y = Ae^{2x}$$
です。初期条件 $y(0) = 1$ より，
$$Ae^0 = 1 \quad \therefore \ A = 1$$
したがって，
$$y = e^{2x}$$

(2)　$Y = y - 1$ とおくと $Y' = y'$ なので，Y は，微分方程式
$$Y' = -Y$$
を満たします。この一般解は，A を定数として
$$Y = Ae^{-x}$$
です。初期条件は，
$$Y(0) = y(0) - 1 = 0 - 1 = -1$$
なので，
$$A = -1$$
したがって，
$$y - 1 = Y = -e^{-x} \quad \therefore \ y = 1 - e^{-x}$$

(3)　2次方程式
$$\lambda^2 - 5\lambda + 6 = 0$$
は，異なる 2 解 $\lambda = 2, 3$ をもつので，$y'' - 5y + 6y = 0$ の一般解は，A, B を定数として
$$y = Ae^{2x} + Be^{3x}$$
です。このとき，
$$y' = 2Ae^{2x} + 3Be^{3x}$$
となります。初期条件 $y(0) = 0$, $y'(0) = 2$ より，
$$\begin{cases} A + B = 0 \\ 2A + 3B = 2 \end{cases} \quad \therefore \ \begin{cases} A = -2 \\ B = 2 \end{cases}$$

したがって，
$$y = 2(e^{3x} - e^{2x})$$

(4) $y'' = -2y$ すなわち，$y'' = -(\sqrt{2})^2 y$ の一般解は，A, B を定数として
$$y = A\sin(\sqrt{2}x) + B\cos(\sqrt{2}x)$$
です。このとき，
$$y' = \sqrt{2}A\cos(\sqrt{2}x) - \sqrt{2}B\sin(\sqrt{2}x)$$
となります。初期条件 $y(0) = 3$, $y'(0) = 0$ より，
$$\begin{cases} B = 3 \\ \sqrt{2}A = 0 \end{cases} \quad \therefore \quad \begin{cases} A = 0 \\ B = 3 \end{cases}$$
したがって，
$$y = 3\cos(\sqrt{2}x)$$

(5) $Y = y - 2$ とおくと $Y' = y'$, $Y'' = y''$ なので，Y は，微分方程式
$$Y'' = -Y$$
を満たします。この一般解は，A, B を定数として
$$Y = A\sin(x) + B\cos(x) \quad \therefore \quad y = 2 + A\sin(x) + B\cos(x)$$
です。このとき，
$$y' = A\cos(x) - B\sin(x)$$
となります。初期条件 $y(0) = 0$, $y'(0) = 0$ より，
$$\begin{cases} 2 + B = 0 \\ A = 0 \end{cases} \quad \therefore \quad \begin{cases} A = 0 \\ B = -2 \end{cases}$$
したがって，
$$y = 2\{1 - \cos(x)\}$$

付録C　本文中で省略した計算

本文中では結論のみを紹介したいくつかの計算について，途中過程を示します。自分で計算をしてみてから比較してください。

(*1) p.18

△ABC の外接円を O とします。$C = 90°$ の場合，AB が円 O の直径になります。したがって，$c = \text{AB} = 2R$ であり，

$$\frac{c}{\sin C} = \frac{2R}{\sin 90°} = 2R$$

となります。

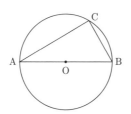

C が鋭角の場合は，次ページ左図のように，AC′ が円 O の直径となるような点 C′ を円周の $\stackrel{\frown}{\text{ACB}}$ 上にとることができます。このとき，△ABC′ は，$\angle B = 90°$ の直角三角形になります。そして，円周角の定理より，$\angle C' = C$ となります。したがって，三角比の定義より，

$$\sin C = \sin \angle C' = \frac{c}{2R} \qquad \therefore \quad \frac{c}{\sin C} = 2R$$

となります。

C が鈍角の場合は，次ページ右図のように，AC′ が円 O の直径となるような点 C′ を円周の $\stackrel{\frown}{\text{ACB}}$ の外側にとることができます。このとき，△ABC′ は，$\angle B = 90°$ の直角三角形になります。そして，円の性質より，$C = 180° - \angle C'$ となります。したがって，

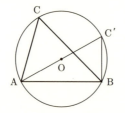 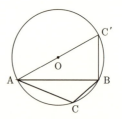

$$\sin C = \sin(180° - \angle C') = \sin \angle C' = \frac{c}{2R} \qquad \therefore \quad \frac{c}{\sin C} = 2R$$

となります。

結局，一般的に
$$\frac{c}{\sin C} = 2R$$
であることが示されたことになります。

同様にして，
$$\frac{a}{\sin A} = 2R, \qquad \frac{b}{\sin B} = 2R$$
を示すことができます。つまり，(2.7) が証明されたことになります。

(*2) p.18

三平方の定理を既知として余弦定理を証明します。

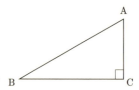

$C = 90°$ のときは $\cos C = 0$ なので，三平方の定理より，
$$c^2 = a^2 + b^2 = a^2 + b^2 - 2ab\cos C$$
が成り立ちます。

C が鋭角のときは，次ページ左図のように B から辺 CA 上に垂線を下ろすことができるので，その足を B′ とします。このとき，CB′ $= a\cos C$ なので，
$$BB' = a\sin C, \qquad AB' = b - a\cos C$$

なので、$\sin^2 C + \cos^2 C = 1$ に注意すれば、$\triangle \mathrm{ABB}'$ についての三平方の定理より、
$$c^2 = (a\sin C)^2 + (b - a\cos C)^2 = a^2 + b^2 - 2ab\cos C$$
となります。

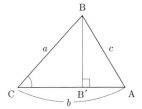 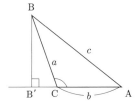

C が鈍角の場合は、上右図のように AC を C 側に延長した半直線上に B から垂線を下ろすことができるので、その足を B' とすると、$\mathrm{CB}' = -a\cos C$ なので、やはり、
$$\mathrm{BB}' = a\sin C, \qquad \mathrm{AB}' = b - a\cos C$$
となります。したがって、$\sin^2 C + \cos^2 C = 1$ に注意すれば、$\triangle \mathrm{ABB}'$ についての三平方の定理より、
$$c^2 = (a\sin C)^2 + (b - a\cos C)^2 = a^2 + b^2 - 2ab\cos C$$
となります。

以上より、一般に
$$c^2 = a^2 + b^2 - 2ab\cos C$$
が成り立つことが示されました。
$$a^2 = b^2 + c^2 - 2bc\cos A, \qquad b^2 = c^2 + a^2 - 2ca\cos B$$
も同様に証明することができます。

(*3) p.28

$\vec{a} = \begin{pmatrix} a_x \\ a_y \end{pmatrix} \quad \vec{b} = \begin{pmatrix} b_x \\ b_y \end{pmatrix}$ のとき、

$$|\vec{a}|^2 = a_x{}^2 + a_y{}^2, \qquad |\vec{b}|^2 = b_x{}^2 + b_y{}^2$$

です。また，
$$\vec{a} - \vec{b} = \begin{pmatrix} a_x - b_x \\ a_y - b_y \end{pmatrix}$$

となるので，
$$|\vec{a} - \vec{b}|^2 = (a_x - b_x)^2 + (a_y - b_y)^2$$
$$= a_x{}^2 + a_y{}^2 + b_x{}^2 + b_y{}^2 - 2(a_x b_x + a_y b_y)$$

です。よって，
$$|\vec{a}|^2 + |\vec{b}|^2 - |\vec{a} - \vec{b}|^2 = 2(a_x b_x + a_y b_y)$$

(*4) p.36

$f(x) = x$ のとき，
$$f'(x) = \lim_{\Delta x \to 0} \frac{(x + \Delta x) - x}{\Delta x} = \lim_{\Delta x \to 0} \frac{\Delta x}{\Delta x} = 1$$

また，$f(x) = x^3$ のとき，
$$f'(x) = \lim_{\Delta x \to 0} \frac{(x + \Delta x)^3 - x^3}{\Delta x} = \lim_{\Delta x \to 0} \left(3x^2 + 3x\Delta x + \Delta x^2\right) = 3x^2$$

(*5) p.64

cos についての加法定理

$$\cos(\alpha \mp \beta) = \cos\alpha \cos\beta \pm \sin\alpha \sin\beta \quad \text{(複号同順)}$$

は既知とします。$\sin\left(\dfrac{\pi}{2} - \theta\right) = \cos\theta$, $\cos\left(\dfrac{\pi}{2} - \theta\right) = \sin\theta$ の関係を用いることにより，

$$\sin(\alpha + \beta) = \cos\left(\frac{\pi}{2} - (\alpha + \beta)\right) = \cos\left(\left(\frac{\pi}{2} - \alpha\right) - \beta\right)$$
$$= \cos\left(\frac{\pi}{2} - \alpha\right)\cos\beta + \sin\left(\frac{\pi}{2} - \alpha\right)\sin\beta$$
$$= \sin\alpha \cos\beta + \cos\alpha \sin\beta$$

となります。また，

$$\sin(\alpha - \beta) = \cos\left(\frac{\pi}{2} - (\alpha - \beta)\right) = \cos\left(\left(\frac{\pi}{2} - \alpha\right) + \beta\right)$$
$$= \cos\left(\frac{\pi}{2} - \alpha\right)\cos\beta - \sin\left(\frac{\pi}{2} - \alpha\right)\sin\beta$$
$$= \sin\alpha\cos\beta - \cos\alpha\sin\beta$$

となります。

(*6) p.65

ここでは,

$$\sin 2\theta = 2\sin\theta\cos\theta$$
$$\cos 2\theta = \cos^2\theta - \sin^2\theta = 2\cos^2\theta - 1 = 1 - 2\sin^2\theta$$
$$\sin^2\theta = \frac{1 - \cos 2\theta}{2},\quad \cos^2\theta = \frac{1 + \cos 2\theta}{2}$$
$$\sin\alpha\sin\beta = \frac{1}{2}\{\cos(\alpha - \beta) - \cos(\alpha + \beta)\}$$
$$\sin A + \sin B = 2\sin\frac{A+B}{2}\cos\frac{A-B}{2}$$

について確認しておきます。他も同様に示すことができます。

加法定理

$$\sin(\alpha \pm \beta) = \sin\alpha\cos\beta \pm \cos\alpha\sin\beta \quad （複号同順）$$
$$\cos(\alpha \mp \beta) = \cos\alpha\cos\beta \pm \sin\alpha\sin\beta \quad （複号同順）$$

は既知とします。

まず, はじめの 2 つは $2\theta = \theta + \theta$ と読み換えることにより,

$$\sin 2\theta = \sin(\theta + \theta) = \sin\theta\cos\theta + \cos\theta\sin\theta = 2\sin\theta\cos\theta$$
$$\cos 2\theta = \cos(\theta + \theta) = \cos\theta\cos\theta - \sin\theta\sin\theta = \cos^2\theta - \sin^2\theta$$

さらに, $\sin^2\theta + \cos^2\theta = 1$ を用いれば,

$$\cos 2\theta = \cos^2\theta - \sin^2\theta = 2\cos^2\theta - 1 = 1 - 2\sin^2\theta$$

次に, この関係を使って

$$1 - 2\sin^2\theta = \cos 2\theta \qquad \therefore\ \sin^2\theta = \frac{1 - \cos 2\theta}{2}$$

$$2\cos^2\theta - 1 = \cos 2\theta \qquad \therefore\ \cos^2\theta = \frac{1+\cos 2\theta}{2}$$

最後の2つは，加法定理の式を2つ並べて辺々加えたり引いたりすれば，示すことができます。

$$\cos(\alpha - \beta) = \cos\alpha\cos\beta + \sin\alpha\sin\beta$$
$$\cos(\alpha + \beta) = \cos\alpha\cos\beta - \sin\alpha\sin\beta$$

を辺々差をとれば，

$$\cos(\alpha - \beta) - \cos(\alpha + \beta) = 2\sin\alpha\sin\beta$$
$$\therefore\ \sin\alpha\sin\beta = \frac{1}{2}\{\cos(\alpha - \beta) - \cos(\alpha + \beta)\}$$

今度は，

$$\sin(\alpha + \beta) = \sin\alpha\cos\beta + \cos\alpha\sin\beta$$
$$\sin(\alpha - \beta) = \sin\alpha\cos\beta - \cos\alpha\sin\beta$$

を辺々加えて，

$$\sin(\alpha + \beta) + \sin(\alpha - \beta) = 2\sin\alpha\cos\beta$$

ここで，$A = \alpha + \beta$, $B = \alpha - \beta$ とおけば，

$$\alpha = \frac{A+B}{2}, \qquad \beta = \frac{A-B}{2}$$

なので，

$$\sin A + \sin B = 2\sin\frac{A+B}{2}\cos\frac{A-B}{2}$$

(***7**) p.83

指数関数や三角関数について，マクローリン展開

$$f(x) = \lim_{N\to\infty}\sum_{n=0}^{N}\frac{f^{(n)}(0)}{n!}\cdot x^n$$

が有効であることは認めます。

$f(x) = e^x$ に対して，

$$f'(x) = e^x,\ \ f''(x) = e^x,\ \ f'''(x) = e^x,\ \cdots,\ f^{(n)}(x) = e^x,\ \cdots$$

なので（指数関数 e^x は何回微分しても形が変わりません），
$$f^{(n)}(0) = e^0 = 1 \quad (n = 1, 2, 3, \cdots)$$
です．よって，
$$e^x = \sum_{n=0}^{\infty} \frac{x^n}{n!} = 1 + x + \frac{x^2}{2} + \frac{x^3}{3!} + \cdots$$
となります．

$\sin x$ について微分を繰り返すと，
$$\cos x, \ -\sin x, \ -\cos x, \ \sin x$$
の繰り返しになります．$x = 0$ とおけば，
$$1, \ 0, \ -1, \ 0$$
を繰り返すので，$\sin x$ のマクローリン級数は奇数次の項のみが残り，
$$\sin x = x - \frac{x^3}{3!} + \frac{x^5}{5!} - \frac{x^7}{7!} + \cdots = \sum_{m=0}^{\infty} \frac{(-1)^m}{(2m+1)!} \cdot x^{2m+1}$$
となります．

$\cos x$ の微分は，
$$-\sin x, \ -\cos x, \ \sin x, \ \cos x$$
の繰り返しになるので，今度は偶数次の項のみが残り，
$$\cos x = 1 - \frac{x^2}{2} + \frac{x^4}{4!} - \frac{x^6}{6!} + \cdots = \sum_{m=0}^{\infty} \frac{(-1)^m}{(2m)!} \cdot x^{2m}$$
となります．

(*8) p.85

他も同様なので，
$$\int_0^T \cos \frac{2m\pi}{T} x \cdot \cos \frac{2n\pi}{T} x \, \mathrm{d}x = \begin{cases} \dfrac{T}{2} & (m = n) \\ 0 & (m \neq n) \end{cases}$$
について計算してみます．

まず，$m = n$ の場合は，

ここで,

$$左辺 = \int_0^T \cos^2 \frac{2m\pi}{T} x \, dx$$

ここで,

$$\cos^2 \frac{2m\pi}{T} x = \frac{1}{2}\left(1 + \cos \frac{4m\pi}{T} x\right)$$

ですから,

$$左辺 = \frac{1}{2}\int_0^T \left(1 + \cos \frac{4m\pi}{T} x\right) dx = \left[\frac{1}{2}\left(x + \frac{T}{4m\pi} \sin \frac{4m\pi}{T} x\right)\right]_0^T = \frac{T}{2}$$

次に, $m \neq n$ の場合は,

$$\cos \frac{2m\pi}{T} x \cdot \cos \frac{2n\pi}{T} x = \frac{1}{2}\left(\cos \frac{2(m-n)\pi}{T} x + \cos \frac{2(m+n)\pi}{T} x\right)$$

であることを利用すれば, 積分が実行できます.

$$\frac{1}{2}\int_0^T \cos \frac{2(m-n)\pi}{T} x \, dx = \left[\frac{T}{2(m-n)\pi} \sin \frac{2(m-n)\pi}{T} x\right]_0^T = 0$$

$$\frac{1}{2}\int_0^T \cos \frac{2(m+n)\pi}{T} x \, dx = \left[\frac{T}{2(m+n)\pi} \sin \frac{2(m+n)\pi}{T} x\right]_0^T = 0$$

なので,

$$左辺 = \frac{1}{2}\int_0^T \left(\cos \frac{2(m-n)\pi}{T} x + \cos \frac{2(m+n)\pi}{T} x\right) dx = 0$$

(*9) p.90

$$\sqrt{(x+c)^2 + y^2} + \sqrt{(x-c)^2 + y^2} = 2a$$

のとき,

$$\sqrt{(x+c)^2 + y^2} \leqq 2a, \qquad \sqrt{(x-c)^2 + y^2} \leqq 2a$$

であることが必要です. これを仮定すれば, 以下の変形は同値な変形になっています.

$$\sqrt{(x+c)^2 + y^2} + \sqrt{(x-c)^2 + y^2} = 2a$$
$$\iff \sqrt{(x+c)^2 + y^2} = 2a - \sqrt{(x-c)^2 + y^2}$$
$$\iff (x+c)^2 + y^2 = \left\{2a - \sqrt{(x-c)^2 + y^2}\right\}^2$$
$$\iff a^2 - cx = a\sqrt{(x-c)^2 + y^2}$$
$$\iff (a^2 - cx)^2 = a^2\left\{(x-c)^2 + y^2\right\}$$

$$\iff (a^2-c^2)x^2+a^2y^2 = a^2(a^2-c^2)$$
$$\iff \frac{x^2}{a^2}+\frac{y^2}{a^2-c^2}=1$$

そして，このとき
$$\sqrt{(x+c)^2+y^2} = \sqrt{(x+c)^2+a^2-c^2-\frac{a^2-c^2}{a^2}x^2} = \sqrt{\left(\frac{c}{a}x+a\right)^2}$$
$$= \left|\frac{c}{a}x+a\right| \leqq c+a < 2a$$

となるので，
$$\sqrt{(x+c)^2+y^2} \leqq 2a$$

を満たしています。同様にして，
$$\sqrt{(x-c)^2+y^2} \leqq 2a$$

が成り立っていることも確認できます。

(*10) p.91
$$\sqrt{(x-p)^2+y^2} = |x+p| \iff (x-p)^2+y^2 = (x+p)^2$$
$$\iff y^2 = 4px$$

元の方程式の両辺は 0 以上であることが自明なので，2 乗して比べても同値です。

(*11) p.92
$$\left|\sqrt{(x-c)^2+y^2}-\sqrt{(x+c)^2+y^2}\right| = 2a$$

まず，両辺を 2 乗して（これは同値な変形です），
$$(x-c)^2+y^2+(x+c)^2+y^2-2\sqrt{(x-c)^2+y^2}\sqrt{(x+c)^2+y^2} = 4a^2$$

式を整理すれば，
$$x^2+y^2+c^2-2a^2 = \sqrt{(x-c)^2+y^2}\sqrt{(x+c)^2+y^2}$$

$x^2+y^2+c^2-2a^2 \geqq 0$ を仮定すれば，
$$x^2+y^2+c^2-2a^2 = \sqrt{(x-c)^2+y^2}\sqrt{(x+c)^2+y^2}$$
$$\iff (x^2+y^2+c^2-2a^2)^2 = \{(x-c)^2+y^2\}\{(x+c)^2+y^2\}$$
$$\iff (c^2-a^2)x^2-a^2y^2 = a^2(c^2-a^2)$$

そして，このとき

$$x^2 + y^2 + c^2 - a^2 = x^2 + \left(\frac{c^2-a^2}{a^2}x^2 - c^2 + a^2\right) + c^2 - 2a^2$$

$$= \frac{c^2}{a^2}x^2 - a^2 \geqq c^2 - a^2 > 0$$

$$\iff \frac{x^2}{a^2} - \frac{y^2}{c^2-a^2} = 1$$

となるので $x^2 + y^2 + c^2 - 2a^2 \geqq 0$ を満たしています。

(*12) p.98

$z = r(\cos\theta + i\sin\theta)$ のとき，

$$z^2 = r^2(\cos\theta + i\sin\theta)^2$$

ここで，

$$(\cos\theta + i\sin\theta)^2 = \cos^2\theta - \sin^2\theta + i \cdot 2\sin\theta\cos\theta = \cos 2\theta + i\sin 2\theta$$

なので，

$$z^2 = r^2(\cos 2\theta + i\sin 2\theta)$$

また，

$$z^3 = z^2 \cdot z = r^3(\cos 2\theta + i\sin 2\theta)(\cos\theta + i\sin\theta)$$

ここで，

$$(\cos 2\theta + i\sin 2\theta)(\cos\theta + i\sin\theta)$$
$$= (\cos 2\theta\cos\theta - \sin 2\theta\sin\theta) + i(\sin 2\theta\cos\theta + \cos 2\theta\sin\theta)$$
$$= \cos 3\theta + i\sin 3\theta$$

なので，

$$z^3 = r^3(\cos 3\theta + i\sin 3\theta)$$

任意の自然数 n に対して

$$z^n = r^n(\cos n\theta + i\sin n\theta)$$

であることを示すには，数学的帰納法と呼ばれる手法を利用します。

付録D　ギリシャ文字

大文字	小文字	読み方	英語	ラテン文字
A	α	アルファ	alpha	A
B	β	ベータ	beta	B
Γ	γ	ガンマ	gamma	G
Δ	δ	デルタ	delta	D
E	ϵ, ε	イプシロン	epsilon	E
Z	ζ	ゼータ	zeta	Z
H	η	エータ	eta	H
Θ	θ	シータ	theta	Q
I	ι	イオタ	iota	I
K	κ	カッパ	kappa	K
Λ	λ	ラムダ	lambda	L
M	μ	ミュー	mu	M
N	ν	ニュー	nu	N
Ξ	ξ	グザイ	xi	X
O	o	オミクロン	omicron	O
Π	π	パイ	pi	P
P	ρ	ロー	rho	R
Σ	σ	シグマ	sigma	S
T	τ	タウ	tau	T
Y	υ	ウプシロン	upsilon	U
Φ	ϕ, φ	ファイ	phi	F
X	χ	カイ	chi	C
Ψ	ψ	プサイ	psi	Y
Ω	ω	オメガ	omega	W

※ Word等のワープロソフトで「Symbol」のフォントを選び，表のラテン文字を入力すると，対応するギリシャ文字が表示される．

付録E　三角比表

[emathWiki より転載]

角	正弦 (sin)	余弦 (cos)	正接 (tan)	角	正弦 (sin)	余弦 (cos)	正接 (tan)
0	0.0000	1.0000	0.0000	45	0.7071	0.7071	1.0000
1	0.0175	0.9998	0.0175	46	0.7193	0.6947	1.0355
2	0.0349	0.9994	0.0349	47	0.7314	0.6820	1.0724
3	0.0523	0.9986	0.0524	48	0.7431	0.6691	1.1106
4	0.0698	0.9976	0.0699	49	0.7547	0.6561	1.1504
5	0.0872	0.9962	0.0875	50	0.7660	0.6428	1.1918
6	0.1045	0.9945	0.1051	51	0.7771	0.6293	1.2349
7	0.1219	0.9925	0.1228	52	0.7880	0.6157	1.2799
8	0.1392	0.9903	0.1405	53	0.7986	0.6018	1.3270
9	0.1564	0.9877	0.1584	54	0.8090	0.5878	1.3764
10	0.1736	0.9848	0.1763	55	0.8192	0.5736	1.4281
11	0.1908	0.9816	0.1944	56	0.8290	0.5592	1.4826
12	0.2079	0.9781	0.2126	57	0.8387	0.5446	1.5399
13	0.2250	0.9744	0.2309	58	0.8480	0.5299	1.6003
14	0.2419	0.9703	0.2493	59	0.8572	0.5150	1.6643
15	0.2588	0.9659	0.2679	60	0.8660	0.5000	1.7321
16	0.2756	0.9613	0.2867	61	0.8746	0.4848	1.8040
17	0.2924	0.9563	0.3057	62	0.8829	0.4695	1.8807
18	0.3090	0.9511	0.3249	63	0.8910	0.4540	1.9626
19	0.3256	0.9455	0.3443	64	0.8988	0.4384	2.0503
20	0.3420	0.9397	0.3640	65	0.9063	0.4226	2.1445
21	0.3584	0.9336	0.3839	66	0.9135	0.4067	2.2460
22	0.3746	0.9272	0.4040	67	0.9205	0.3907	2.3559
23	0.3907	0.9205	0.4245	68	0.9272	0.3746	2.4751
24	0.4067	0.9135	0.4452	69	0.9336	0.3584	2.6051
25	0.4226	0.9063	0.4663	70	0.9397	0.3420	2.7475
26	0.4384	0.8988	0.4877	71	0.9455	0.3256	2.9042
27	0.4540	0.8910	0.5095	72	0.9511	0.3090	3.0777
28	0.4695	0.8829	0.5317	73	0.9563	0.2924	3.2709
29	0.4848	0.8746	0.5543	74	0.9613	0.2756	3.4874
30	0.5000	0.8660	0.5774	75	0.9659	0.2588	3.7321
31	0.5150	0.8572	0.6009	76	0.9703	0.2419	4.0108
32	0.5299	0.8480	0.6249	77	0.9744	0.2250	4.3315
33	0.5446	0.8387	0.6494	78	0.9781	0.2079	4.7046
34	0.5592	0.8290	0.6745	79	0.9816	0.1908	5.1446
35	0.5736	0.8192	0.7002	80	0.9848	0.1736	5.6713
36	0.5878	0.8090	0.7265	81	0.9877	0.1564	6.3138
37	0.6018	0.7986	0.7536	82	0.9903	0.1392	7.1154
38	0.6157	0.7880	0.7813	83	0.9925	0.1219	8.1443
39	0.6293	0.7771	0.8098	84	0.9945	0.1045	9.5144
40	0.6428	0.7660	0.8391	85	0.9962	0.0872	11.4301
41	0.6561	0.7547	0.8693	86	0.9976	0.0698	14.3007
42	0.6691	0.7431	0.9004	87	0.9986	0.0523	19.0811
43	0.6820	0.7314	0.9325	88	0.9994	0.0349	28.6363
44	0.6947	0.7193	0.9657	89	0.9998	0.0175	57.2900
45	0.7071	0.7071	1.0000	90	1.0000	0.0000	− − −

あとがき

　前著『はじめて学ぶ物理学 上・下』（日本評論社）は，著者がSEG（科学的教育グループ）で高校生向けに行っている講義のエッセンスです。高校物理の学習を通して物理学の楽しさ・奥深さを多くの方に知っていただくために著したものです。ところで，物理学の学習には数学知識が必須です。SEGの生徒達は比較的速いペースで数学を学んでいるため，この本で紹介したような議論にも耐えることができます。

　高校物理の範囲であれば，それほど高度な内容を必要とはしませんが，高校数学の内容は一通り必要になります。そうすると，『はじめて学ぶ物理学』を読むことは，数学が学習途上にある高1，高2の生徒にはややハードルが高くなってしまいます。しかし，高1，高2の生徒，さらに意欲的な中学生にも読んでもらいたいという期待があります。それが本書を執筆する原動力になりました。

　高校物理の学習に必要十分な項目をできる限り基礎的な内容から紹介する形で記述しました。中学の数学の理解と，学ぶ意欲があれば，中学生でも読めるように記述しています。つまり，高校で学ぶ内容については，その知識を前提せずに読み進めるように注意しました。なお，数学を，物理を理解するための言語（道具）として駆使できるようになることが本書の目的です。そのため，「はじめに」にも記載した通り，扱っている項目や説明の仕方にはやや偏りがあります。高校生としての数学の学習は，他の書籍等で補ってください。

　第I部は数学の講義，第II部が物理への応用例の紹介となっています。高校物理の知識がまったくない場合は，第II部は少し難しく感じるかも知れません。その場合は，第I部を学習した後に是非『はじめて学ぶ物理学』での学習に進んでください。本書の第I部と『はじめて学ぶ物理学』を読んで戴ければ，高校数学が未習の方でも高校物理の全体を自学自習することが可能です。

　付録Aの「線形空間」は，高校物理の理解には必ずしも必須な項目ではありませんが，私の趣味で掲載しました。数学の新しい概念を学ぶことにより視野が広がりさまざまな項目を統一的に整理できることを体験して戴けると思います。

本書の編集も，前著と同様に亀書房の亀井哲治郎氏が担当してくださいました。前著を読むための準備となる数学の本を著したいという私の気持ちを企画として採用してくださり，そのお陰で書籍として形にすることができました。亀井氏からは，内容面に関しても多くのアドバイスを戴きました。また，草稿を読みやすく整えてくださり，図版を作成してくださったのも前著と同様に亀井氏の奥様です。お二人には，心よりお礼を申し上げます。

　本書の表紙のデザインも，前著と同様に銀山宏子氏にお願いしました。今回のデザインも爽やかなイメージの素晴らしいものですが，特に，前著と3冊並べたときの調和感にも配慮してくださいました。

　SEGの同僚である数学科講師の井上麻愉子氏は原稿の全体を精査し，多くの有益な指摘をくださいました。精度の高い形で本書を読者の皆様にお届けできるのは井上さんのお陰です。勿論，本書の記述内容に関する責任は，すべて著者である私にあります。

　著者の専門は物理学です。多くの若者に物理学を楽しく学んでもらいたい，そういう気持ちが前著および本書を執筆した動機です。本書が多くの若い読者に届き，物理学の学習の手助けとなることを期待しています。

2019年10月

吉田弘幸

索引

あ

1次関数　7
位置ベクトル　110
一般解　101
陰関数　53
演算子　35
オイラーの公式　99

か

階差　43
ガウス平面　97
加速度　112
加法定理　63
関数　7
偽　2
奇関数　63
起電力　117
逆関数　8
共役複素数　97
極　88
極限値　32
極座標　88
極表示　98
極方程式　94
虚軸　97
虚数　96
虚数単位　96
虚部　97
近傍　81
偶関数　63
空集合　3
区間　4
原始関数　46
合成関数　10
交流回路　123
弧度法　58

さ

座標　88
三角関数　60
三角比　13
自己インダクタンス　119
指数　71
指数関数　72
指数法則　71
始線　88
自然対数　75
自然対数の底　75
実軸　97
実部　97
質量　121
集合　2
収束　32
従属変数　7
終端速度　117
十分条件　5
重力加速度　113, 116
純虚数　96
条件　2
初期条件　102
真　2
真数　73
真理集合　5
数列　41
スカラー　21
スカラー積　27
正弦　13
正弦関数　60
正弦定理　18
正接　13
正接関数　60
成分表示　24
積分　44
接線　34

ゼロベクトル　22
線形性　37
全体集合　3
双曲線　89
速度　112

た

対応　6
対数関数　73
対数微分法　77
楕円　89
単位円　59
単位ベクトル　29
短軸　90
単振動　122
短半径　90
値域　7
長軸　90
長半径　90
底　71
定義域　7
定積分　44
テーラー級数　83
テーラー展開　83
電気振動　123
電気抵抗　117
電気容量　117
導関数　35
同値　5
特性方程式　105
独立変数　7

な

内積　27
2次関数　7
2次曲線　89
ネイピア数　75

は

速さ　112
媒介変数　87
媒介変数表示　87
ばね定数　121
パラメータ　87
必要十分条件　5

必要条件　5
微分演算子　36
微分係数　33
微分方程式　101
複素数　96
複素数平面　97
部分集合　3
フーリエ級数　84
平均変化率　30
ベクトル　21
変位　21
偏角　97
放物線　89, 115

ま

マクローリン級数　83
マクローリン展開　83
無限小　33
無限大　4
命題　2

や

要素　2
余弦　13
余弦関数　60
余弦定理　18

ら

離心率　93
零ベクトル　22

吉田弘幸（よしだ・ひろゆき）

略歴
　1963 年　東京生まれ．
　神奈川県大磯町立大磯小学校，大磯中学校，県立大磯高等学校を経て，
　早稲田大学理工学部物理学科へ進学．
　同大学院理工学研究科修士課程物理学及び応用物理学専攻修了（理学修士）．
　慶應義塾大学大学院法務研究科修了（法務博士）．
　現在　SEG 物理科講師，河合塾物理科講師．
主な著書
　『はじめて学ぶ物理学――学問としての高校物理』上・下，日本評論社．

道具としての高校数学——物理学を学びはじめるための数学講義

2019 年 10 月 25 日　第 1 版第 1 刷発行

著　者……………………吉田弘幸 ©
発行所……………………株式会社　日本評論社
　　　　　　　　　　〒170–8474 東京都豊島区南大塚 3–12–4
　　　　　　　　　　TEL：03-3987-8621［営業部］　　https://www.nippyo.co.jp/
　　　　　　　　　　［営業部］
企画・制作………………亀書房［代表：亀井哲治郎］
　　　　　　　　　　〒 264–0032 千葉市若葉区みつわ台 5–3–13–2
　　　　　　　　　　TEL & FAX：043-255-5676　　E-mail：kame-shobo@nifty.com
印刷所……………………三美印刷株式会社
製本所……………………株式会社難波製本
装　訂……………………銀山宏子（スタジオ・シープ）
組版・図版………………亀書房編集室

ISBN 978–4–535–79824–3　　Printed in Japan

JCOPY ＜(社)出版者著作権管理機構 委託出版物＞

本書の無断複写は著作権法上での例外を除き禁じられています．
複写される場合は，そのつど事前に，
　(社) 出版者著作権管理機構
　TEL：03-5244-5088，FAX：03-5244-5089，E-mail：info@jcopy.or.jp
の許諾を得てください．
また，本書を代行業者等の第三者に依頼してスキャニング等の行為によりデジタル化することは，
個人の家庭内の利用であっても，一切認められておりません．

高校物理を通して物理学の醍醐味を味わってほしい！

はじめて学ぶ物理学 上下

学問としての高校物理

吉田弘幸【著】

はじめて本格的に物理学を学びたい人にその魅力を伝えたい。
――高校生から大人までを対象に予備校の名講師が書き下ろした入門書。

◎SEG（科学的教育グループ）で行ってきた30年間の結晶！

◆上：本体3,000円+税／A5判／292頁
◆下：本体2,800円+税／A5判／266頁

力 学

高校生・大学生のために

江沢 洋【著】

「力」とは何か？「運動」とは？ 物理学の根本への問いかけを持ちつつ、必要な数学は惜しまず動員して、力学の基本をていねいに解説する名テキストの改訂新版。豊富な練習問題と懇切な解答により独習にも最適。

◆本体3,500円+税／A5判／464頁

日本評論社
https://www.nippyo.co.jp/